CATÉCHISME

AGRICOLE

SPÉCIALEMENT DESTINÉ

A L'ENSEIGNEMENT DE L'AGRICULTURE

DANS LES ÉCOLES PRIMAIRES,

Par

G. GAILHARD,

CHEF D'INSTITUTION.

TOULOUSE

TYPOGRAPHIE DE BONNAL ET GIBRAC,

RUE SAINT-ROME, 44.

1868.

CATÉCHISME

AGRICOLE.

(C.)

CATÉCHISME

AGRICOLE

SPÉCIALEMENT DESTINÉ

A L'ENSEIGNEMENT DE L'AGRICULTURE

DANS LES ÉCOLES PRIMAIRES.

Par

G. GAILHARD,

CHEF D'INSTITUTION.

TOULOUSE

TYPOGRAPHIE DE BONNAL ET GIBRAC,
RUE SAINT-ROME, 44.

—

1868.

A

M. FILHOL,

MAIRE DE TOULOUSE,

DIRECTEUR DE L'ÉCOLE DE MÉDECINE ET DE PHARMACIE,
PROFESSEUR DE CHIMIE A LA FACULTÉ DES SCIENCES DE CETTE VILLE,
OFFICIER DE LA LÉGION-D'HONNEUR.

Témoignage d'une vive reconnaissance et d'un respectueux
dévouement.

G. GAILHARD.

PRÉFACE.

Se nourrir, se vêtir, voilà les premiers besoins que connut l'homme à son apparition sur la terre, besoins qu'il n'a pu un instant méconnaître, puisque vivre est l'instinct le plus pressant, la loi la plus constante et la plus universellement répandue de la création. Sa nourriture, ses vêtements, il les demanda d'abord, comme il les demande encore aujourd'hui, à la terre, aux animaux.

La culture de la terre, le soin des animaux furent donc la première application que l'homme fit de son travail : tandis qu'*Adam béchait, Eve filait*. C'est ainsi que l'histoire nous montre l'homme et l'agriculture, faisant presque simultanément leur entrée dans le monde.

Voilà l'homme recevant pour premier héritage la terre qui doit le nourrir, les animaux qui doivent concourir aux besoins et aux satisfactions de son existence : là aussi est sa vocation première qui est restée sa plus impérieuse et plus indispensable nécessité, puisque, en dehors de l'agriculture, toute existence végète et languit, tout bien-être disparaît, toute fortune, privée ou publique, s'éteint. C'est assez dire son importance et le rôle qu'elle joue, alors que, d'autre part, le corps agricole représente la classe la plus nombreuse, la plus forte, la plus travailleuse, la plus morale de la société. Son utilité si bien établie, ses titres largement acquis à la bienveillance de tous, on se demande comment il se peut que tant d'années, tant de siècles se soient écoulés sans qu'on lui ait donné le moindre encouragement : car, ne savons-nous pas que, longtemps, elle a vécu de travail, de peines et de sacrifices, trop souvent au profit du luxe, de l'oisiveté ou de la débauche. Mieux inspiré, notre siècle tente de louables efforts en faveur de l'agriculture. Grâce à l'initiative du Ministre éminent qui dirige aujourd'hui l'instruction publique en France, l'enseignement agricole va trouver sa place dans les programmes de l'enseignement élémentaire et aussi dans ceux de l'enseignement professionnel, si bien fait pour seconder les tendances et développer les aptitudes particulières. Heureuse innovation qui sera sûrement, pour l'avenir, une garantie d'intérêts moraux et matériels : car apprendre à l'enfant à cultiver le champ qui l'a vu naître, c'est lui apprendre à l'aimer, c'est l'y attacher par le double lien de l'intérêt et de l'amour, c'est lui inspirer le goût du travail honnête, ce proche parent des bonnes mœurs, c'est le rallier à la famille, pour en perpétuer la tradition de labeur et de probité ; c'est lui rendre plus chère la vie du champ, de toutes, assurément, la plus féconde en jouissances pures ; c'est le sous-traire à cette idée d'émigration qui dépeuple si fâcheu-sement nos campagnes ; c'est l'arracher à ce désir immodéré de tout bien-être, ce mal de notre époque, de tous peut-être celui qui travaille le plus profondément notre société ; c'est enfin accroître la fortune et rehausser la dignité du cultivateur, toutes choses utiles et dont le résultat se fera sentir à tous. Il y a déjà longtemps qu'un sage et grand ministre a dit : « *Le pastourage et le labourage, voilà les mamelles de la France et les vraies mines et trésors du Pérou.* » De nos jours, une parole bien autorisée, celle de Napoléon III a dit : « *De l'amélioration ou du déclin de l'agriculture datent la prospérité ou la décadence des empires.* »

On se plaint fort que ce qui manque à l'agriculteur ce sont les capitaux. Nous pensons et nous disons qu'il y a, pour lui, un intérêt majeur, une meilleure et plus sûre voie de prospérité et d'avenir : c'est l'instruction qui, en lui enseignant à bien travailler son champ lui apprendra à bien utiliser ses capitaux qui ne sauraient être une garantie réelle qu'entre les mains de celui qui sait en faire un convenable emploi. Et l'expérience de tous les jours ne prouve-t-elle pas que celui qui veut mettre l'argent en valeur au profit d'un art, d'une profession qu'il ne connaît pas, tente des recherches inutiles, des essais infructueux, des spéculations hasardées qui, très souvent, le ruinent ? L'utilité d'une instruction spéciale pour l'agriculteur ressort, d'ailleurs, avec la dernière évidence du simple énoncé de cette vérité vulgaire : qu'on ne fait bien que ce que l'on fait avec goût et qu'on ne fait avec goût que ce que l'on comprend.

Je n'insisterai pas davantage : je dirai seulement qu'après avoir longtemps et attentivement regardé dans la question de l'enseignement agricole, après avoir ouvert bien des livres et lu bien des pages, il m'a semblé que ce qui manquait à cet enseignement, c'était un livre renfermant, sous une forme différente, plus ou moins de matières qu'aucun de ceux que j'avais vus ou lus, un livre plus abrégé ou plus long, un livre ayant plus de faits et moins de principes, plus de pratique et moins de théorie, un livre simple, clair, où les faits soient exposés avec précision et netteté, où rien ne demande ni beaucoup de temps ni beaucoup de savoir, où toute proposition se présente à l'esprit sous une forme simple et brève, le livre du cultivateur plutôt que celui du savant, un livre où toute théorie apparaisse comme le résultat des faits réduits en principe, un livre que tous pourront étudier ou consulter, l'agronome comme le simple travailleur, le livre de l'école, du foyer domestique, le *Vade Mecum* de la grande famille agricole.

Dans le but de combler cette lacune, j'ai groupé, sous forme de questionnaire, les principales notions théoriques et pratiques d'agriculture. J'ai adopté cette forme, parce qu'elle m'a paru avantageuse, pour les cultivateurs d'abord, à qui elle facilite les recherches, ensuite pour l'enfant qui peuplera aujourd'hui sa mémoire de principes que son intelligence développée appliquera, plus tard, d'une manière utile.

CATÉCHISME AGRICOLE.

CHAPITRE PREMIER.

DE L'AGRICULTURE EN GÉNÉRAL.

D. Qu'est-ce que l'Agriculture ?

R. L'Agriculture est l'art de cultiver la terre et de la fertiliser de manière à lui faire rapporter, en grande quantité, les plantes utiles à l'homme.

D. Ne comprend-elle pas autre chose ?

R. Elle comprend, en outre, l'art d'élever, de multiplier les animaux domestiques et d'en améliorer les races.

D. Son étude est-elle utile ?

R. Elle est de la plus grande utilité ; car, toutes choses venant de la terre, il importe de connaître les moyens que l'on doit employer pour en accroître le rendement.

D. Etait-elle prisée des anciens ?

R. Oui, car, dans les temps les plus reculés, elle était partout honorée comme la nourrice et la bienfaitrice du genre humain, et l'histoire nous apprend qu'elle était en grand honneur à Rome, où les citoyens les plus illustres travaillaient la terre de leurs propres mains.

1*

D. Se fait-elle d'après des procédés invariables ?

R. Non ; l'Agriculture, livrée pendant longtemps à une aveugle routine, a fait depuis quelques années de très-grands progrès.

D. Qu'est-ce qui prouve qu'elle a progressé ?

R. C'est que la population de tous les pays s'est accrue considérablement, que la surface des terres cultivables n'a pas augmenté et que la production s'est néanmoins maintenue au niveau des besoins de la consommation.

D. A quoi l'Agriculture doit-elle ses progrès ?

R. Elle les doit au secours que lui ont prêté les sciences physiques, en expliquant les opérations agricoles et en indiquant les procédés qui doivent nécessairement avoir pour conséquence l'amélioration d'un sol. Elle les doit aussi au perfectionnement des instruments aratoires.

D. Quels sont les pays où elle se fait le mieux ?

R. On peut citer, en première ligne, l'Angleterre, la Belgique et la France ; mais cette dernière est celle qui est destinée à être le plus essentiellement agricole, en raison même des avantages qu'elle peut retirer de la différence de ses climats, de la configuration de son territoire, de sa distribution physique, du grand nombre de ses expositions et de la variété des cultures auxquelles, par conséquent, elle peut se livrer.

D. Quels sont ceux qui sont demeurés en arrière ?

R. De ce nombre se trouvent l'Espagne, dont le climat se prêterait à de précieuses cultures et dont le sol est très-fertile, mais fort mal cultivé par les habitants, qui sont naturellement apathiques et nonchalants, et l'Italie, où l'Agriculture laisse beaucoup à désirer.

D. Toutes les parties de la France font-elles également bien l'Agriculture?

R. Non, elle se fait beaucoup mieux dans le Nord que dans le Midi; cela tient à ce que le Nord a renoncé avec plus d'empressement aux données de la routine, qu'il a adopté les théories nouvelles et que, faisant de l'Agriculture raisonnée, il a su recourir dès longtemps aux meilleurs procédés d'amélioration des terres.

CHAPITRE II.

DES VÉGÉTAUX ET DES ANIMAUX.

D. Comment se divisent les corps dont se compose la nature ?

R. Ils se divisent en deux classes : les corps organisés, ainsi dénommés parce qu'ils sont pourvus d'organes, tels sont les animaux et les végétaux, et les corps bruts, tels sont les minéraux.

D. Quelle est la différence qui existe entre un animal et un végétal ?

R. Les animaux ont de plus que les végétaux la sensibilité et la faculté de se mouvoir ; en outre, les premiers ne prennent leur nourriture que par une seule bouche, tandis que les végétaux la reçoivent par un grand nombre d'ouvertures placées sur les feuilles et aux racines.

D. De quoi sont formés les êtres organisés ?

R. Ils sont composés de carbone, d'hydrogène, d'oxygène et d'azote. Il y a, en outre, des principes minéraux qui constituent la cendre des plantes brûlées et dont les principaux sont des sels à base de potasse, de soude et de chaux, des phosphates et la silice.

D. Que devra donc chercher l'Agriculteur ?

R. Tous ses efforts devront tendre à assurer aux plantes cultivées le moyen de trouver ces divers éléments.

D. Où les végétaux puisent-ils leurs éléments de vie ?

R. C'est dans l'air, au moyen de leurs feuilles, et dans le sol, au moyen de leurs racines.

D. Un pays peut-il produire toute sorte de cultures ?

R. Non, car le développement de chaque plante exige une température qui varie avec la plupart d'entr'elles.

D. Ne peut-on pas préciser les cultures qui conviennent à chaque climat ?

R. Les pays chauds produisent le coton, les huiles, le sucre et les épices ; les pays tempérés fournissent les farines, les viandes et les laines ; enfin dans les contrées froides croissent le lin, le chanvre et le bois.

D. Quel est l'effet du froid sur les plantes ?

R. Le froid arrête leur développement, et toute végétation est impossible à une température inférieure à celle où l'eau gèle. Aussi, lorsque vient cette température, les plantes vivaces perdent leurs feuilles et les autres périssent.

D. Comment agit le froid sur les plantes qu'il détruit ?

R. L'eau qui est renfermée dans le corps du végétal venant à se congeler augmente de volume et amène la rupture des parois des conduits qui la contiennent. Dès-lors le végétal ne tarde pas à périr.

D. Quelle est l'action de la chaleur ?

R. La chaleur active la végétation, qui est d'autant plus rapide que la température est plus élevée.

D. Le climat importe-t-il aux espèces animales ?

R. Chaque climat possède ses espèces animales comme ses espèces végétales : ainsi, dans les pays chauds, avec les singes et les perroquets, se trouvent le palmier, le giroflier, etc.; dans les régions tempérées, à côté du froment et des arbres fruitiers, vivent les grands animaux domestiques ;

enfin, dans la région des glaces et des neiges, on rencontre les forêts d'arbres nains et les rennes utilisés par les Lapons comme animaux domestiques. Ainsi, le renne est employé aux transports et sa viande sert de nourriture aux peuples du Nord.

CHAPITRE III.

DE L'AIR.

D. Qu'est-ce que l'air ?

R. L'air est une masse gazeuse invisible, transparente, qui enveloppe la terre de toutes parts, et qui est d'une épaisseur de quatorze ou quinze lieues.

D. Quel est son rôle en Agriculture ?

D'abord, l'air est le milieu dans lequel vivent à peu près toutes les plantes utiles à l'homme ; il est, en outre, pour ces plantes une source d'engrais.

D. De quoi se compose-t-il ?

R. L'air se compose principalement de deux gaz qu'on appelle oxygène et azote, tous deux importants au point de vue de la nutrition des plantes.

D. Comment reconnaît-on dans l'air la présence de ces deux gaz ?

R. On n'a qu'à prendre une éprouvette dont les bords plongent dans l'eau et dans laquelle brûle une bougie. On voit la bougie donner d'abord une flamme vive ; bientôt cette flamme pâlit et elle finit par s'éteindre. La bougie a brûlé tant qu'elle a trouvé de l'oxygène dans l'air que renfermait l'éprouvette. Par suite de la disparition de cet oxygène, il y a eu diminution dans le volume gazeux et l'eau, dès-lors, a pu s'élever dans l'éprouvette, où il reste de l'azote.

D. Que prouve cette expérience ?

R. Que l'oxygène entretient la combustion et que l'azote ne l'entretient pas.

D. L'air ne renferme-t-il pas d'autres substances ?

R. Il renferme, en outre, de la vapeur d'eau, un gaz connu sous le nom d'acide carbonique et quelques traces d'un autre gaz, le gaz ammoniac.

D. La composition de l'air est-elle invariable ?

R. Non, car l'air, pur dans certains lieux, est chargé de matières étrangères, de miasmes dans les lieux bas et marécageux. De plus, il y a des époques de l'année et des moments dans la journée où l'air contient l'acide carbonique en plus grande quantité.

D. La composition de l'air intéresse-t-elle la santé de l'homme et des animaux ?

R. Elle l'intéresse au plus haut degré ; aussi est-il nécessaire de rechercher cette pureté pour les habitations de l'homme et pour les étables des animaux.

D. Comment obtient-on ce résultat ?

R. En ménageant des ouvertures qui permettent de renouveler l'air.

D. L'air qui sort de nos poumons n'est-il pas vicié ?

R. Il renferme beaucoup plus de vapeur d'eau et d'acide carbonique que lorsqu'il est introduit dans nos organes respiratoires.

D. Comment sommes-nous avertis de l'excès de ces corps dans l'air ?

R. Par la gêne que nous éprouvons pour respirer, gêne qu'il est facile de constater en séjournant dans une enceinte où se trouvent un grand nombre de personnes.

D. L'air est-il indispensable à la vie de tous les animaux ?

R. Oui, et les êtres qui vivent dans l'eau n'y pourraient point vivre sans l'air que l'eau tient en dissolution.

D. Comment le prouve-t-on ?

R. Les poissons introduits dans une masse d'eau dont on a chassé l'air en la faisant bouillir, ne tardent pas à périr.

D. En est-il de même pour les plantes ?

R. Oui, car si l'on arrose une plante avec de l'eau privée d'air par l'ébullition, cette plante dépérit insensiblement et sèche bientôt après.

D. Quelle particularité présente l'air tenu en dissolution dans l'eau ?

R. Il renferme plus d'oxygène que l'air ordinaire.

CHAPITRE IV.

DE L'ACIDE CARBONIQUE.

D. Qu'est-ce que l'acide carbonique ?

R. L'acide carbonique est un gaz composé d'oxygène et de carbone, ou charbon pur : c'est ce gaz qui se forme lorsque le charbon brûle au contact de l'air.

D. Quelles sont ses propriétés ?

R. Il est irrespirable ; aussi, les repasseuses ont-elles soin de faire renouveler l'air de l'appartement où le fourneau est allumé. C'est ce même gaz qui se dégage au moment de la fermentation du raisin et qui rend les celliers inhabitables.

D. Quelle est son utilité au point de vue agricole ?

R. Ce corps est extrêmement utile aux plantes, car il leur fournit le carbone qui entre dans leur composition en proportion notable.

D. Comment les végétaux prennent-ils le carbone ?

R. C'est que leurs parties vertes, les feuilles principalement, décomposent l'acide carbonique en oxygène, qui rentre dans l'air, et en carbone qu'elles s'approprient.

D. Quelle est la condition nécessaire pour que cette décomposition et cette assimilation aient lieu ?

R. Elles n'ont lieu que sous l'influence de la lumière solaire, c'est-à-dire pendant le jour.

D. Les choses ne se passent donc pas ainsi durant la nuit ?

R. Non, pendant la nuit les plantes, au contraire, dégagent l'acide carbonique ; aussi faut-il éviter de coucher dans une chambre où se trouvent des fleurs.

D. N'est-il pas facile de prouver que les feuilles décomposent rapidement cet acide ?

R. On prend, pour cela, un bocal plein d'air renfermant six ou sept parties pour cent d'acide carbonique ; on place dans ce milieu une plante vivante et on expose le tout à la lumière du soleil. Si on analyse, bientôt après, l'air contenu sous le bocal, on reconnaît qu'il contient beaucoup moins d'acide carbonique et plus d'oxygène. Ce qui prouve évidemment que la plante a décomposé l'acide, qu'elle s'est emparée de son carbone et qu'elle a laissé son oxygène en liberté.

D. Les racines n'en absorbent-elles pas aussi ?

R. Les racines en absorbent aussi ; elles le prennent au sol dans lequel elles vivent. On peut s'en convaincre en coupant un peuplier, au printemps, au moment où la sève monte : on voit ce liquide sortir du tronc en dégageant des bulles gazeuses, qui ne sont autre chose que des bulles d'acide carbonique.

D. D'où vient l'acide carbonique du sol ?

R. Il provient de la combustion de l'humus. Les végétaux qui doivent constituer l'humus se décomposent et donnent, par le fait de la décomposition, du carbone qui s'unit à l'oxygène de l'air. De cette union résulte l'acide carbonique.

D. Quelle conséquence devons-nous tirer de ce fait ?

R. C'est que la division, l'ameublissement du sol est

extrêmement nécessaire en ce qu'il permet à l'air de péné-trer dans l'intérieur de la terre et d'y aller former de l'acide carbonique.

D. Quelle est l'origine de celui qu'on retrouve dans l'air ?

R. Les fourneaux, les usines, les décompositions diverses en fournissent abondamment ; de plus, la respiration des animaux en est une source puissante.

D. A ce point de vue, les plantes n'influent-elles pas sur la pureté de l'air ?

R. Elles exercent une influence très-salutaire ; car elles empêchent l'air de se vicier par une trop grande quantité d'acide carbonique et, par suite, de devenir irrespirable.

D. Comment reconnaître la présence de cet acide dans l'air ?

R. Il suffit de délayer de la chaux dans une grande quantité d'eau, de manière à former du *lait de chaux*. On filtre cette solution de façon à la rendre limpide. Après cela, on l'expose à l'air et on la voit bientôt se troubler. Il se dépose même au fond du vase un corps qui résulte de l'union de l'acide carbonique de l'air avec la chaux que l'eau tenait en suspension. Ce corps est du carbonate de chaux analogue par sa composition à la craie, à la pierre à chaux et au marbre.

CHAPITRE V.

DE L'EAU.

D. Qu'est-ce que l'eau?

R. L'eau est un corps très abondamment répandu dans la nature, que les anciens regardaient comme un corps simple, c'est-à-dire indécomposable, et duquel on extrait deux principes, qui sont l'oxygène et l'hydrogène.

D. Comment prouve-t-on que l'eau n'est pas un corps simple?

R. On prend un tube en grès, dans lequel on place du fil de fer : on chauffe jusqu'au rouge, et on fait passer dans le tube de la vapeur d'eau. On voit alors le fil se rouiller, ce qui est l'effet de l'union du fer avec l'oxygène de l'eau; et à l'autre extrémité du tube on recueille un gaz que l'on reconnaît être de l'hydrogène.

D. Qu'est-ce qui fait l'importance de l'eau en agriculture?

R. L'eau est importante par elle-même, en ce qu'elle fournit aux plantes deux de leurs élémens constitutifs : l'oxygène et l'hydrogène; elle a une très grande importance aussi par la propriété dont elle jouit de dissoudre certaines substances qui, si elles n'étaient pas préalablement dissoutes, ne pourraient pas être absorbées par les racines.

D. N'a-t-elle pas encore un autre mode d'action?

R. Elle agit d'une manière très salutaire sur les végétaux par l'air qu'elle tient en dissolution.

D. La température de l'eau mérite-t-elle d'être prise en considération ?

R. Oui, car il est parfaitement reconnu que l'eau froide arrête la végétation et qu'elle tue les plantes à racines profondes dès qu'elle atteint ces racines.

D. Quelles sont les qualités que doit avoir l'eau pour fertiliser un sol ?

R. Elle doit tenir en dissolution ou en suspension de quoi enrichir ce sol, c'est-à-dire des matières organiques et des principes minéraux.

D. Sous combien d'états se présente l'eau ?

R. Sous trois états : l'état solide, l'état liquide et l'état gazeux. L'état liquide est l'état ordinaire ; l'état solide n'est autre chose que la glace ; enfin, l'état gazeux constitue ce que nous appelons vapeur d'eau.

D. Que se passe-t-il lorsqu'elle devient glace ?

R. Elle augmente sensiblement de volume, et c'est ainsi qu'elle parvient à faire éclater les pierres gélives et à tuer les plantes.

D. N'utilise-t-on pas cette propriété remarquable de l'eau ?

R. On l'utilise pour obtenir l'ameublissement des terres. Pour cela, on laboure en automne avant les pluies : quand celles-ci surviennent, les mottes de terre s'imbibent d'eau. Cette eau se changeant plus tard en glace, les mottes se brisent et le sol s'ameublit sans travail.

D. La vapeur d'eau n'a-t-elle pas aussi son rôle ?

R. La vapeur d'eau contenue dans l'air cède son hydrogène aux plantes. C'est elle aussi qui, repassant à l'état liquide, constitue cette précieuse pluie de nuit qu'on appelle *rosée*.

D. Quelle est l'utilité de la rosée ?

R. Elle paralyse les fâcheux effets d'une chaleur trop forte, empêche la dessiccation, et, par suite, le dépérissement graduel des plantes dont les racines ne s'enfoncent pas assez profondément pour trouver la fraîcheur nécessaire.

D. Toute espèce d'eau peut-elle être donnée en boisson aux animaux ?

R. Il y a certaines eaux avec lesquelles il faut ne pas abreuver les animaux domestiques, sous peine de développer, chez eux, des maladies graves : ce sont, en général, les eaux croupissantes, marécageuses et vaseuses.

D. Ne peut-on pas reconnaître une eau vaseuse ?

R. Il y a, pour cela, un procédé très-simple : On prend un litre de cette eau, on la fait bouillir jusqu'à ce qu'il n'en reste plus que trois ou quatre cuillerées. Si ce résidu répand une forte odeur de vase, on est sûr que l'eau est de mauvaise nature.

D. Quels caractères doit présenter l'eau pour être potable?

R. Elle doit être fraîche, limpide, aérée ; de plus, elle doit bien cuire les légumes et ne pas se troubler lorsqu'on la fait bouillir. En général, les eaux courantes peuvent, sans inconvénient, être données en boisson.

D. Quelle précaution doit-on prendre lorsqu'on est forcé d'abreuver les animaux avec de l'eau de puits?

R. Il faut la puiser à l'avance, l'exposer à l'air et même l'agiter de temps en temps pour la faire aérer.

D. Si l'on n'avait, pour cet usage, que de l'eau corrompue par la décomposition des plantes, ne pourrait-on pas la corriger?

R. On le pourrait en y jetant du charbon pilé, qui aurait pour effet de désinfecter, de purifier cette eau.

CHAPITRE VI.

DE LA TERRE ARABLE.

D. Qu'entend-on par terre arable ?

R. On donne ce nom à cette partie du sol que pénèt
nos instruments aratoires et à laquelle nous confions
plantes qui nous sont utiles.

D. Quelle est sa nature essentielle ?

R. La terre arable résulte d'une association de princ
minéraux et de débris organiques ?

D. Quelle est l'origine de ces diverses substances ?

R. Les éléments minéraux proviennent des roches
l'eau et l'air sont parvenus à désagréger, à réduire en po
sière. Quant aux débris organiques, ils résultent de
décomposition des animaux et des végétaux qui, pend
une longue série de siècles, se sont développés et ont suc
sivement péri. Ces divers principes ont été entraînés par
eaux et sont venus constituer le sol de nos vallées.

D. Ce transport ne se fait-il pas d'une manière inc
sante ?

R. Il se produit sans cesse, et tous les jours le sol
vallées s'enrichit aux dépens des montagnes et des colli

D. Qu'est-ce que engraisser un sol ?

R. C'est augmenter la quantité des matières organic
de ce sol.

D. Qu'est-ce que l'amender ?

R. C'est lui donner des principes minéraux dont il manque.

D. L'épaisseur de la couche arable est-elle partout la même ?

R. Elle est, au contraire, très-variable : aussi, divise-t-on les terres en terres *profondes*, terres *moyennes* et terres *superficielles* ou *pauvres*.

D. Quelle est l'épaisseur de chacune d'elles ?

R. Pour les terres *profondes*, l'épaisseur est de 32 centimètres ; pour les *moyennes*, elle varie entre 20 et 25 centimètres, et pour les terres *pauvres* elle ne dépasse pas 16 centimètres.

D. Quels sont les principes essentiels qui entrent dans la constitution de la terre arable ?

R. Ils sont au nombre de quatre : l'*argile*, le *sable*, le *calcaire* et l'humus.

D. Comment classe-t-on les terres ?

R. Suivant que l'un ou l'autre de ces quatre principes s'y trouve en proportion notable, les terres sont dites *argileuses*, *sablonneuses* ou *siliceuses*, *calcaires* et *humifères*.

D. Quelle est la classification vulgaire des terres ?

R. On les range en quatre classes : 1° terre noire ou terre franche ; 2° terre blanche ou terre forte ; 3° terre brûlante ou calcaire ; 4° terre sablonneuse ou légère.

D. Quelles sont les propriétés de chacun de ces terrains ?

R. Les terres noires sont, en général, celles qui offrent le plus d'avantages au cultivateur. Elles se présentent sous un aspect brun qui tient, à la fois, à la nature de ces terres et aux substances organiques décomposées. Les terres blanches, moins riches et moins estimées que les précédentes, sont celles où abonde l'alumine. Les terres brûlantes sont celles où le calcaire prédomine; elles conviennent à un bon nombre de cultures. Enfin, les terres légères où l'on ne peut espérer de succès que pour un nombre très-restreint de plantes.

D. Quel serait le meilleur sol ?

R. Ce serait celui dans lequel il y aurait, en parties égales, de l'argile, du sable et du calcaire, 30 parties pour 100 par exemple de chacun et 10 pour 100 d'humus. L'agriculteur doit toujours s'efforcer d'obtenir cet équilibre.

D. Est-il utile d'étudier et de connaître la nature d'un sol ?

R. Cela est indispensable pour qu'on puisse choisir la culture qui convient à chacun d'eux et apprécier soit les engrais, soit les amendements dont ils ont particulièrement besoin.

D. Où trouve-t-on souvent les principes qui doivent corriger un sol ?

R. On les trouve dans le sous-sol dont il est, par suite, très-important d'étudier la nature.

D. Comment s'y trouvent-ils ?

R. Tantôt ils y sont naturellement, tantôt ils y ont été transportés par l'eau qui les a enlevés au sol.

D. Quelle est la propriété la plus importante de la terre arable ?

R. C'est la propriété qu'elle a d'absorber les matières dissoutes dans l'eau quand ces matières conviennent aux plantes qu'elle est chargée de nourrir.

D. Comment prouve-t-on cette propriété ?

R. Par une expérience fort simple : On filtre du purin à

travers la terre arable, et on voit après cela, le purin complètement décoloré. La couleur de ce liquide provenant des substances qu'il tenait en dissolution, il est évident qu'en perdant sa couleur il a perdu ces substances dont la terre s'est emparée.

D. Qu'est-ce que ameublir un sol?

R. C'est le diviser de manière à ce que l'air et l'eau puissent aisément atteindre les racines des plantes.

CHAPITRE VII.

DES DIVERS SOLS.

D. Quel est l'inconvénient des sols argileux ?

R. Ils sont lourds, compactes, difficiles à travailler, et retiennent fortement l'eau.

D. A quels pays doivent-ils, dès lors, convenir ?

R. Aux pays chauds, à ceux où il pleut rarement et où soufflent des vents fréquents.

D. Ne sont-ils pas fertiles quelquefois ?

R. Ils le sont lorsque le sous-sol est perméable, c'est-à-dire lorsqu'il laisse écouler l'eau.

D. Comment les corrige-t-on ?

R. En leur donnant du sable, surtout du sable calcaire, ou de la chaux. Ces corps ont un effet tout mécanique : ils rendent le sol moins plastique.

D. Quel autre nom donne-t-on aux terres argileuses ?

R. On les appelle aussi *terres fortes*.

D. A quelles cultures conviennent-elles surtout ?

R. A la culture du froment, du maïs, des haricots ; elles sont les meilleures pour ces plantes lorsqu'elles contiennent seulement de 15 à 20 pour 100 de calcaire.

D. Quel est le désavantage des sols sablonneux ?

R. Ils sont maigres, légers, se laissent aisément traverser par l'eau, ne retiennent aucune trace d'humidité et sont, par suite, très-exposés à la sécheresse.

D. Dans quels pays ces sols peuvent-ils bien faire ?

R. Dans les pays brumeux où les pluies sont fréquentes, les sols siliceux peuvent donner de bons résultats, à la condition pourtant que la proportion de sable ne soit pas trop grande ; car, dans ce cas, ils seraient complètement stériles.

D. N'y a-t-il pas des plantations qui s'accommodent plus particulièrement d'un sol sablonneux ?

R. C'est surtout le pin qui produit, habituellement, de 5 à 8 kilogr. de résine par an pendant dix-huit ou vingt ans, et dont le bois est utilisé pour les charpentes ; le châtaigner dont le fruit est employé à l'alimentation de l'homme et à l'engraissement des porcs.

D. Comment s'y prendre pour le corriger ?

R. Il faut augmenter sa plasticité, le rendre moins poreux en lui donnant de l'argile.

D. Quel est l'aspect que présente un sol calcaire ?

R. Il est généralement blanchâtre, ce qui est l'effet du calcaire qu'il contient.

D. Une terre trop calcaire serait-elle susceptible de production ?

R. Elle serait absolument stérile. Il faut que le calcaire soit mélangé à une certaine quantité d'argile, auquel cas elle convient d'une manière toute particulière à la culture de la vigne et à celle de la luzerne.

D. Quel est l'avantage des terres calcaires ?

R. C'est qu'elles retiennent très bien la chaleur et qu'elles sont, par suite, très-précoces.

D. Quelles sont les terres humifères ?

R. Ce sont celles qui proviennent de l'accumulation de substances végétales qui se sont décomposées sur place.

D. Dans quelle proportion s'y trouve l'humus ?

R. Dans la proportion de 15 à 18 p. %.

D. A quelles récoltes conviennent-elles ?

R. Aux plantes épuisantes, parce que dans ces terres les racines s'étendent peu et qu'elles se divisent à l'infini. Dès lors elles absorbent beaucoup, ce qui est nécessaire, parce que les plantes épuisantes empruntent à peu près tout au sol.

D. Quelle est la nature des terres de nos landes ?

R. Elles sont composées d'humus et de sable, et, pour cette raison, appelées sablo-humifères.

D. Ces terres sont-elles fertiles ?

R. Il semble qu'elles doivent l'être en raison même de l'humus qu'elles renferment ; mais il n'en est rien, parce que le soleil, ayant agi sans obstacles et d'une manière continue sur les matières végétales en décomposition, a fait évaporer la partie active et n'a laissé que le pourri.

D. Par quel moyen peut-on corriger un sol de ce genre?

R. Par de bonnes fumures et par l'emploi de la chaux ou de la marne calcaire.

D. Quel aspect présente-t-il ?

R. Il est noirâtre, couleur qui lui est justement donnée par le pourri.

CHAPITRE VIII.

DU TERREAU OU HUMUS.

D. Qu'appelle-t-on engrais ?

R. On donne ce nom à toute substance qui, introduite dans la terre, offrira des principes nutritifs aux plantes qu'on y cultivera.

D. Que devient tout engrais confié au sol ?

R. Il devient du terreau ou humus que l'on a, avec raison, appelé le *fumier de la nature.*

D. D'où provient le terreau ?

R. Il provient de la décomposition des substances animales et végétales.

D. Comment a lieu cette décomposition ?

R. Les plantes sont formées essentiellement de carbone, d'hydrogène, d'azote, d'oxygène et d'une partie minérale. Après avoir vécu un certain temps, les végétaux se dessèchent, c'est-à-dire qu'ils perdent les quatre substances que nous venons de nommer ; puis, ils se réduisent en poussière : cette poussière n'est autre chose que leur partie minérale.

D. Dans quel moment se produit l'action fertilisante du terreau ?

R. Elle se produit pendant tout le temps que dure la décomposition dont nous venons de parler. Quand cette

décomposition est complète, le terreau n'a plus de principe
nutritif à céder : il est alors ce qu'on appelle le *pourri*.

D. Quel est le rôle du pourri dans un sol ?

R. Le rôle du pourri est important : d'abord, comme il
est noir, il absorbe et retient la chaleur solaire dont les
racines peuvent profiter pendant la nuit ; ensuite il ameublit
les terres trop fortes, et enfin il entretient une certaine
humidité dans une terre légère.

D. Comment l'humus est-il absorbé par les plantes ?

R. L'oxygène de l'air brûle l'humus et le transforme en
un corps appelé acide humique ; cet acide humique, à son
tour, s'unit à l'ammoniaque et forme un nouveau composé
appelé humate d'ammoniaque qui se dissout dans l'eau et
que les racines, dès lors, peuvent très-aisément s'approprier.

D. N'y a-t-il pas un moyen simple de reconnaître si une
terre renferme de l'humus ?

R. On utilise, pour cela, la propriété qu'a le carbonate
de potasse (potasse du commerce) de dissoudre les matières
organiques colorantes.

D. Comment s'y prend-on ?

R. On prend du carbonate de potasse qu'on fait dissoudre
dans l'eau. Dans cette dissolution on introduit la terre que
l'on veut essayer, après l'avoir préalablement bien séchée.
On fait bouillir le tout pendant quelques instants. Si le
liquide, après cette ébullition, est coloré en noir, la terre
essayée renferme de l'humus et elle en renferme d'autant
plus que la teinte brune du liquide sera plus prononcée.

D. Toutes les cultures exigent-elles une égale quantité
de terreau ?

R. Cette quantité varie avec les cultures : ainsi on estime
que le seigle et l'avoine font bien dans un sol qui n'en

renferme que 2 p. % ; l'orge en demande le double, et une bonne terre à froment en doit renfermer de 6 à 10 p. %.

D. Pourquoi fume-t-on les terres qui produisent nos récoltes ?

R. C'est pour rendre à ces terres l'humus que les récoltes successives leur enlèvent incessamment.

D. Pourquoi peut-on se dispenser de fumer une terre qu'on vient de défricher ?

R. Parce qu'elle renferme une provision suffisante d'humus qui a été fournie par les feuilles, les branches et les végétaux divers qui se sont décomposés sur place.

D. Qu'est-ce qui prouve que c'est à l'humus qu'est dû le développement des plantes ?

R. C'est que les récoltes, très-belles dans un sol récemment défriché, deviennent moins abondantes *à mesure que* la quantité de terreau diminue ; et ce sol deviendrait stérile si on ne réparait par des fumures ces pertes de terreau.

D. Le terreau doit-il avoir toujours la même composition ?

R. Cette composition varie suivant la nature des plantes qui le fournissent : aussi est-il bon d'adapter la nature de l'humus aux espèces que l'on veut obtenir.

CHAPITRE IX.

DES LITIÈRES.

D. Quel est le but des litières?

R. Les litières ont un double but : d'abord elles constituent pour les animaux une couche chaude et molle, puis elles retiennent le produit de leurs déjections.

D. Faut-il les renouveler souvent?

R. Il faut les renouveler assez fréquemment, afin d'éviter que la couche soit sale et surtout humide.

D. De quoi sont-elles ordinairement faites?

R. On se sert habituellement de pailles de céréales (froment, avoine, seigle, etc.).

D. Est-il indispensable d'employer la paille de céréales?

R. Non, on peut très-bien utiliser la paille de colza, celle de sarrasin, les fanes de pomme de terre, les feuilles de bruyères sèches, la fougère, le genêt et diverses feuilles.

D. Quel est l'avantage des pailles de céréales?

R. C'est qu'elles sont creuses et qu'elles peuvent, par suite, s'imbiber plus facilement du produit liquide des déjections animales.

D. N'y a-t-il pas une époque où cette espèce de litière doit être préférée à toute autre?

R. C'est le moment où les animaux sont au vert, parce

qu'alors leurs déjections sont presque tout-à-fait liquides et, par conséquent, absorbées en plus grande quantité par la paille de céréales.

D. Quel est l'avantage des fanes de pommes de terre, des feuilles de bruyère et de la fougère?

R. C'est que ces substances renferment une quantité considérable d'azote, et que par elles-mêmes elles apportent aux plantes ce principe important de nutrition.

D. Quel est leur inconvénient?

R. C'est qu'elles sont pleines et qu'elles absorbent, par suite, assez difficilement le purin.

D. Ne peut-on pas remédier à cet inconvénient?

R. On y remédie en écrasant les tiges de bruyère et de genêt.

D. Le fumier provenant de ces litières convient-il à toute sorte de culture?

R. Il ne convient pas à la culture des céréales parce que les fanes, la bruyère et le genêt ne contiennent pas cette substance qu'on appelle silice, qui donne la rigidité nécessaire aux tiges des céréales et les empêche de verser.

D. Quelles sont les récoltes auxquelles convient ce fumier?

R. Il convient à presque toutes les autres : ainsi, aux pommes de terre, maïs et fourrages divers.

D. Ne peut-on pas pour litière se servir de terre même?

R. Il y a des agriculteurs qui se servent de terre sèche, émottée et soigneusement épierrée.

D. Cette pratique est-elle avantageuse?

R. Elle aurait un avantage : ce serait de permettre à l'agriculteur d'amender son terrain et de le fumer en même temps ; car il pourrait choisir pour litière la nature de terre qui convient à son sol.

D. Faut-il donc l'adopter ?

R. Non, on doit la rejeter, parce qu'elle a des inconvénients graves : ainsi, la terre serait un coucher froid pour tout animal à poil ras, et le mouton seul pourrait s'en accommoder ; de plus, elle salit, donne beaucoup de poussière et, par conséquent, expose les animaux à des maladies de peau.

CHAPITRE X.

DU FUMIER.

D. Qu'est-ce que le fumier?

R. Le fumier est un engrais de provenance végétale et animale à la fois. Il résulte d'un mélange de la litière avec les excréments des animaux.

D. Le fumier est-il terminé lorsqu'on le retire de l'étable?

R. A moins qu'il n'ait séjourné longtemps sous les pieds des animaux, il a besoin de subir une fermentation qui se produit pendant qu'il est en tas; et comme c'est l'air qui provoque cette fermentation, il est indispensable qu'il puisse agir sur les diverses couches.

D. Comment obtient-on ce résultat?

R. Pour cela on ne doit pas donner au tas une grande hauteur, parce que le poids des couches supérieures comprimerait les couches inférieures, de manière à empêcher l'air d'arriver jusqu'à celles-ci.

D. La qualité du fumier serait-elle altérée par ce seul fait?

R. Il se déclarerait alors dans les couches non aérées une altération connue sous le nom de *moisissure* et qui se traduit par l'apparition de taches blanches.

D. Comment s'y prendre donc lorsqu'on a une grande quantité de fumier ?

R. On doit augmenter la surface du tas de manière à pouvoir se dispenser de lui donner beaucoup de hauteur.

D. Ne doit-on pas éviter aussi de trop aérer les couches du tas de fumier ?

R. Il ne faut pas, non plus, donner trop d'air aux couches parce qu'elles se dessècheraient et que le fumier, par suite, perdrait beaucoup.

D. Ne doit-on pas favoriser ce travail de fermentation nécessaire au fumier ?

R. C'est une opération fort utile et beaucoup trop négligée : elle se pratique en arrosant le tas avec du lizier, ou, si le lizier manque, avec de l'eau de mare ou de puits.

D. Où doit être déposé le fumier ?

R. Il y a des pays où on le laisse dans l'étable même ; mais cette pratique est mauvaise en ce que la fermentation du fumier développe dans l'étable une très-grande chaleur ; les animaux, lorsqu'ils sortent et que l'air extérieur est froid, sont exposés à prendre mal.

D. Où convient-il donc de le déposer ?

R. On doit le mettre dans un lieu abrité à la fois du soleil qui le dessècherait et de la pluie qui le laverait. De plus, on doit établir le tas sur de la terre glaise pour que le purin ne soit pas absorbé.

D. N'y a-t-il pas quelqu'autre précaution ?

R. On doit creuser autour du tas une rigole aboutissant à un trou dans lequel le purin vienne se déverser. Lorsqu'il y est en suffisante quantité on le puise avec un seau et on en arrose le tas. De cette manière, on conserve le purin

et on maintient dans l'intérieur du tas l'humidité nécessaire.

D. N'existe-t-il pas un moyen d'empêcher l'évaporation
des principes fertilisants du fumier ?

R. Le meilleur moyen serait de porter le fumier dans
les champs dès qu'il est formé et de l'enfouir immédiatement. Mais, comme ce moyen n'est pas toujours praticable,
il est bon d'employer celui-ci qui est aussi simple qu'efficace : on saupoudre légèrement avec du plâtre les diverses
couches de fumier frais. Ce plâtre empêche l'évaporation
de l'humate d'ammoniaque qui est le principe le plus actif
du fumier.

D. Comment divise-t-on les fumiers ?

R. On les divise en fumiers frais et fumiers consommés.

D. Quels sont ceux qui doivent être préférés ?

R. On ne doit employer exclusivement ni les uns ni les
autres.

D. Quelles sont les terres qui ne veulent pas du fumier
frais ?

R. Ce sont les terres légères dont il augmenterait la
porosité et dans lesquelles il ne trouverait pas les conditions
de température et d'humidité qui assureraient à sa fermentation une marche régulière.

D. Quelles sont celles auxquelles on peut le donner ?

R. Ce sont les terres fortes parce que le fumier frais dimi-
nuera leur consistance. Encore ne convient-il que lorsque
ces terres doivent recevoir des cultures lentes.

D. Quelles sont les cultures qui supportent très-bien le
fumier frais ?

R. Ce sont les choux, le tabac, les pommes de terre, le
maïs, les betteraves, le seigle, le lin et le chanvre.

D. Peut-on le donner au froment?

R. Non, car le fumier frais renferme un bon nombre de graines que la fermentation n'a pas pu détruire, qui germeraient, saliraient la terre et compromettraient la récolte de froment.

D. Faut-il laisser le fumier vieillir beaucoup?

R. On doit ne pas le laisser vieillir trop, non plus, parce qu'en vieillissant il perdrait de ses principes actifs.

CHAPITRE XI.

DU FUMIER.

(Suite).

D. Quelles sont les terres qu'il faut fumer le plus souvent ?

R. Ce sont les terres légères, parce qu'elles sont très divisées et que l'air, les pénétrant très aisément, détruit promptement l'engrais.

D. Quelle quantité de fumier consommé demandent-elles ?

R. Cette quantité varie avec la qualité du sol, la nature des plantes qui se succèdent et la valeur relative du fumier qu'on emploie. Plus le sol lui-même offrira de ressources, moins il faudra de fumier ; plus on cultivera de plantes épuisantes, plus les terres devront être fumées. Mais, pour une terre de moyenne qualité, pouvant fournir de 20 à 22 hectolitres de blé par hectare, on aura une bonne fumure avec 55,000 kilogrammes de fumiers mélangés par hectare.

D. Y a-t-il une époque fixe pour la fumure des terres ?

R. Cette époque change suivant les sols ; ainsi, les terres froides recevront le fumier au printemps et en été ; les terres chaudes le recevront en automne et en hiver.

D. Les fumiers fournis par les divers animaux ont-ils tous les mêmes propriétés ?

R. Non, car on les a, suivant leur provenance, classés en fumiers chauds et en fumiers froids. Parmi les premiers se trouvent ceux de volaille, de mouton et de cheval ; celui de porc et celui de vache appartiennent à la seconde catégorie.

D. Comment doit-on tenir et employer celui de cheval ?

R. Comme il est très chaud, on doit l'arroser souvent pour l'empêcher de se dessécher. Il est bon aussi de l'employer frais, en raison de la tendance qu'il a à perdre son azote. 50,000 kilogrammes par hectare donnent une bonne fumure.

D. N'y a-t-il pas des terres auxquelles il convient tout spécialement ?

R. Ce sont les terres fortes, sur lesquelles il agit à la fois en les divisant et en les réchauffant.

D. Doit-on employer sans discernement le fumier de mouton et celui de volaille ?

R. Comme ils sont encore plus chauds que le précédent et aussi plus actifs, on doit ne les employer qu'avec prudence, et le mieux est de les mélanger avec celui des bêtes à cornes.

D. Quels soins réclame la tenue du fumier de mouton ?

R. Il est indispensable de l'emporter au champ et de l'enfouir immédiatement après le curage des bergeries, parce qu'il perd très rapidement.

D. Le fumier de porc a-t-il quelque valeur ?

R. C'est un bon engrais lorsqu'il a été bien traité ; mais quand on l'emploie sans discernement, il brûle les plantes, ce qui est l'effet de l'urine qu'il renferme en abondance.

D. Comment doit-on le tenir ?

R. Il faut le laisser fermenter longtemps, deux mois au moins, et le recouvrir de terre pendant ce temps, pour empêcher l'évaporation.

D. N'y a-t-il pas un moyen meilleur ?

R. Il vaut mieux le mêler à celui de cheval : ils s'améliorent l'un l'autre, le premier en donnant au second l'humidité qui lui manque, et le second en accélérant la fermentation.

D. Celui de l'espèce bovine convient-il à tous les sols ?

R. Il est très employé et mérite de l'être, car il convient à toutes les terres et à toutes les cultures. Toutefois, comme il est moins sec que celui de cheval, il doit être donné de préférence aux terres sèches et légères.

D. De quoi dépend, en général, la valeur d'un fumier ?

R. Elle dépend de la manière dont les animaux sont nourris, de l'âge de ces animaux et des circonstances particulières dans lesquelles ils se trouvent. Ainsi, mieux on nourrira un animal, plus le fumier qu'il fournira aura de valeur ; un animal complètement développé donnera du fumier de plus grande valeur que celui qui fera sa croissance parce que ce dernier, ayant plus de besoins, épuisera davantage les substances alimentaires ; une vache laitière, obligée de fournir du lait et de se nourrir elle-même, ne donnera, durant sa lactation, que du fumier médiocre ; enfin, le fumier sera d'autant plus pauvre que la digestion se fera mieux. C'est pour cette raison que le fumier d'été est moins actif que celui d'hiver.

D. Comment s'y prendre pour fumer des terres éloignées de toute habitation ou dans lesquelles le transport du fumier serait difficile et fort coûteux ?

R. On a, pour cela, recours au parcage. Le parcage consiste à établir les troupeaux, pendant la nuit, dans un terrain que l'on ferme à l'aide de barrières mobiles.

D. Combien faut-il de moutons pour bien parquer un are de terre?

R. Pour que la fumure soit suffisante, il faut 200 moutons, passant deux nuits consécutives dans le même parc.

D. N'y a-t-il pas quelques précautions à prendre pour assurer les bons effets du parcage?

R. Il faut avoir soin de pratiquer, de suite, de légers labours destinés à enfouir les déjections.

CHAPITRE XII.

ENGRAIS HUMAINS.

D. Qu'entend-on par engrais humain?

R. L'engrais humain est celui que donnent les déjections humaines, tant solides que liquides.

D. Devrait-on l'utiliser en Agriculture?

R. On devrait l'employer beaucoup plus qu'on ne le fait; car il est de tous le plus riche en principes de nutrition pour les plantes. Ainsi, il n'est pas d'animal dont les déjections contiennent autant d'azote.

D. Tous les excréments sont-ils susceptibles de donner un engrais également bon?

R. Il en est de l'homme comme des animaux : l'engrais provenant de ses excréments sera d'autant meilleur que l'homme se nourrira mieux. De plus, les excréments d'une personne adulte vaudront mieux, comme engrais, que ceux d'un enfant qui fera sa croissance.

D. L'usage de cet engrais a-t-il été introduit depuis peu en Agriculture?

R. Non ; les Anciens connaissaient parfaitement ses propriétés, et l'histoire nous apprend que les Romains s'en servaient presqu'exclusivement.

D. Quelles sont les cultures auxquelles on le donne avec le plus d'avantage?

R. C'est la culture maraîchère, la culture des légumes, à laquelle on le donne sous forme de poudrette, qu'on fabrique aujourd'hui aux environs de toutes les grandes villes.

D. Comment se fait la poudrette?

R. On prend la partie solide des déjections humaines, on la répand sur une surface disposée pour la recevoir et on la laisse se dessécher, après quoi on la réduit en poussière. Cette poussière n'est autre chose que la poudrette.

D. N'y a-t-il pas d'autre moyen d'employer les excréments humains?

R. On en fait des *composts :* pour cela on les mélange avec de la terre et des débris végétaux et on arrose le tout avec de l'urine, pour en activer la décomposition.

D. A quelle époque doit-on les jeter?

R. On doit éviter de les jeter en été, parce qu'on brûlerait les plantes sur lesquelles on les répandrait.

D. Comment l'urine est-elle employée?

R. L'urine ne doit pas être employée pure ; on doit l'étendre de quatre fois son volume d'eau. Ainsi préparée, elle convient aux prairies naturelles et artificielles, et doit leur être donnée au printemps.

D. Lorsqu'on emploie l'urine sur les guérets, comment doit-on la répandre?

R. Dans ce cas, on n'a pas besoin de l'étendre d'eau ; on la répand pure, avant de donner au sol la dernière façon ; seulement, il faut avoir soin de la couvrir immédiatement, à l'aide du labour.

D. L'urine convient-elle à toutes les cultures ?

R. Il en est auxquelles on ne doit la donner qu'avec une grande circonspection : le froment, par exemple, qui risquerait de verser, sous l'influence de cet engrais.

D. Pourquoi les déjections humaines sont-elles peu employées?

R. Cela tient à deux causes : d'abord, on se figure qu'il ne vaut pas la peine de collectionner les excréments ; ensuite, on recule devant la mauvaise odeur qui accompagne l'opération des vidanges.

D. La première raison est-elle bonne ?

R. Non; car on a évalué que les excréments d'un adulte donnaient, par an, une quantité d'azote suffisante pour 4 ares 1/2 de terre.

D. La seconde raison vaut-elle mieux ?

R. Elle n'est pas bonne non plus; car il est très facile de rendre l'opération inodore.

D. Comment s'y prend-on ?

R. On commence par asperger les murs avec une dissolution de chlorure de chaux. On se rend compte ensuite du volume de matière contenue dans la fosse. Cela fait, on y jette une forte dissolution de sulfate de fer, à raison de 6 kilogrammes par mètre cube de matière. On remue le tout, de façon à ce que la dissolution du sulfate de fer pénètre les diverses couches de matière fécale, et on le laisse ainsi pendant sept à huit jours. On parvient ainsi à désinfecter la partie liquide, que l'on enlève tout d'abord, au moyen d'une sonde. Il ne reste alors qu'à désinfecter la partie solide, ce que l'on fait en projetant du charbon dans la fosse d'aisance.

CHAPITRE XIII.

ENGRAIS DIVERS.

GUANO. — POULENÉE.

D. Qu'est-ce que le guano ?

R. Le guano est un excellent engrais agissant très-énergiquement sur les plantes par l'azote et le phosphore qu'il contient.

D. Où le trouve-t-on ?

R. On le trouve en Amérique, principalement sur les côtes du Pérou et du Chili.

D. D'où provient-il ?

R. Il provient des excréments d'oiseaux et aussi de la décomposition du corps de ces mêmes oiseaux.

D. Comment les oiseaux ont-ils pu le fournir en quantité aussi considérable ?

R. C'est que le nombre des oiseaux de mer, dans ces pays, est incalculable, et que pendant longtemps il a été expressément défendu de les détruire. Ces animaux sont très-voraces, ils voyagent toute la journée, mangent beaucoup de poissons et viennent en masse, le soir, se coucher sur la plage. Il est évident qu'il a fallu des siècles pour que les dépôts excrémentiels aient pu atteindre de grandes épaisseurs.

D. Le guano est-il toujours pur ?

R. Il est souvent falsifié par l'addition de terre, de sciure de bois ou de brique pilée.

D. Comment reconnaîtra-t-on cette fraude ?

R. Il faut, pour cela, calciner le guano à la température rouge ; s'il est pur, il donne une cendre légère et d'un blanc perle ; s'il est falsifié, cette cendre a une couleur plus ou moins foncée, et elle est habituellement pesante. Il y a une autre méthode qui consiste à arroser le guano avec de l'acide azotique et à le dessécher ensuite ; s'il est pur, il devient rouge.

D. Quel est le meilleur guano ?

R. C'est incontestablement celui du Pérou, qui est le plus riche en ammoniaque et en azote. Il est vendu en France pour le compte du gouvernement péruvien par Thomas, Lachambre et Cᵉ à Paris et au Havre, par Adolphe Boulan à Bordeaux, Schloesing frères et Gravier à Marseille.

D. Comment est-il vendu ?

R. Il est vendu par sacs entiers toujours ficelés et plombés ; le cachet porte le nom de celui qui est, pour la France, le consignataire du gouvernement péruvien.

D. Quel en est le prix ?

R. Il coûte ordinairement 50 fr. les 100 kilogr. quand on le prend dans les ports d'arrivage ; mais il vaut mieux prendre celui du Pérou à ce taux que celui de Patagonie à raison de 25 fr. les 100 kilogr.

D. Comment le donne-t-on aux pommes de terre, betteraves, etc. ?

R. On le jette dans les sillons où doivent être déposés les tubercules.

D. Comment l'emploie-t-on pour les céréales ?

R. Le meilleur moyen de l'employer consiste à répandre, avant de semer, la moitié de sa poussière sur le sol et à la recouvrir immédiatement à l'aide d'un hersage. La seconde moitié est jetée sur les plantes au printemps.

D. Quelles sont les cultures auxquelles il convient ?

R. Il est particulièrement favorable aux prairies, aux céréales, au colza, au tabac et aux betteraves.

D. Dans quelle proportion doit-on le donner ?

R. Cette proportion varie suivant les cultures : ainsi, pour les céréales et les prairies, 250 ou 300 kilogr. par hectare suffisent, tandis qu'on peut aller jusqu'à 500 kilogr. pour le chanvre, le colza et les betteraves.

D. Dispense-t-il de fumer une terre ?

R. Son emploi dispense de fumure pour toutes les cultures, si ce n'est pour les céréales : comme celles-ci ont besoin de silice et que le guano n'en renferme pas, on est obligé de donner le fumier concurremment.

D. Quand le doit-on répandre sur les prairies ?

R. On doit choisir un temps calme et le jeter au printemps après les grandes pluies, ou mieux encore après la première coupe.

D. Qu'est-ce que la poulenée ?

R. La poulenée n'est autre chose que la fiente de volaille ; elle a, par suite, beaucoup d'analogie avec le guano, mais elle agit moins énergiquement que lui parce qu'elle n'a pas été bonifiée par les agents atmosphériques.

D. Dans quel cas son action est-elle efficace ?

R. Lorsque la pluie survient peu de temps après l'épandage.

D. Quelles sont les terres auxquelles la poulenée convient le plus ?

R. Ce sont les terres froides et humides qu'elle réchauffe.

D. Comment s'y prendre pour la conserver ?

R. Après l'avoir retirée du poulailler, ce que l'on doit faire souvent, il faut la placer dans un lieu sec et la recouvrir d'une petite quantité de plâtre.

CHAPITRE XIV.

ENGRAIS DIVERS (Suite.)

CHIFFONS DE LAINE. — BOUES. — ANIMAUX MORTS. — SUIE.

D. Les chiffons de laine sont-ils utilisés comme engrais ?

R. Ils le sont et méritent de l'être, car ils renferment une grande quantité d'azote.

D. Quels sont les sols sur lesquels on doit, de préférence, les employer ?

R. Ce sont les terres sablonneuses, légères, auxquelles on donne les chiffons brisés, dans la proportion de 1600 à 2000 kilogr. par hectare.

D. Quelles sont les cultures qui se trouvent surtout bien de cet engrais ?

R. La vigne et l'olivier : on enfouit les chiffons à portée des racines de ces plantes, qui s'en ressentent pendant cinq à six ans. Si on les fait préalablement tremper dans le purin, leur décomposition est plus prompte, mais leur effet est de moins longue durée.

D. Quel en est le prix ?

R. Ils se vendent moyennement de 4 à 6 fr. les 100 kil.

D. Les boues ont-elles de la valeur comme engrais ?

R. Quand les boues proviennent de rues pavées, elles constituent un des meilleurs engrais ; on leur donne le nom de *Gadoue.* Au contraire, lorsque les rues qui les fournissent sont empierrées à la macadam, les boues sont de qualité très-inférieure.

D. Qu'est-ce qui fait la principale richesse de la gadoue ?

R. Ce sont surtout les détritus des cuisines jetés avec des cendres, de la suie et des balayures.

D. Dans quel cas cet engrais sera-t-il de bonne nature ?

R. Lorsque les diverses substances qui constituent la gadoue auront subi, pendant au moins trois ou quatre mois, le travail de la fermentation.

D. Quelle est sa valeur par rapport au fumier ?

R. On estime que 50 mèt. cub. de cet engrais produisent, sur un hectare de terre, des effets aussi avantageux et aussi durables que 30,000 kilogr. de bon fumier.

D. Au point de vue économique, la fumure par la gadoue mérite-t-elle d'être pratiquée ?

R. Elle est même très-avantageuse ; car le mèt. cub. de gadoue non fermentée se vendant 3 fr. et le quintal de bon fumier 0 fr. 80 cent., il est aisé de voir que l'on fait avec 150 fr. de gadoue ce que l'on n'obtiendrait qu'avec 240 fr. de fumier.

D. L'engrais obtenu avec la gadoue convient-il à toutes les cultures ?

R. Il convient particulièrement aux prairies artificielles, au trèfle, aux luzernes ; mais il faut ne pas le donner aux plantes dont l'homme se nourrit, parce qu'il leur communique ordinairement un mauvais goût et une odeur désagréable.

D. Les animaux morts peuvent-ils être utilisés comme engrais ?

R. Les animaux se nourrissant exclusivement de substances végétales, leur corps doit être composé des mêmes éléments que les végétaux eux-mêmes. Il est évident, dès lors, que la décomposition de leur corps sera, pour les plantes, une source abondante de principes nutritifs.

D. Comment les traite-t-on ?

R. On en fait des composts, et l'on s'y prend, pour cela, de la manière suivante : On coupe le corps de l'animal en morceaux que l'on jette dans une fosse ; au-dessus on met une bonne couche de chaux vive pour activer la décomposition des parties ; on recouvre le tout avec la terre de la fosse même et on abandonne la masse pendant deux ou trois mois. Alors on mélange le contenu avec de la bonne terre et on enfouit le tout pendant deux mois encore, temps après lequel on a un excellent engrais.

D. Les os broyés méritent-ils quelque faveur ?

R. Oui, seulement c'est un engrais qui ne convient pas aux terres légères dont il augmenterait la perméabilité.

D. Comment s'y prend-on pour les broyer ?

R. On les dépose au centre d'un tas de fumier en fermentation ; après 25 ou 30 jours, ils sont ramollis au point de pouvoir être aisément broyés. Plus ils sont réduits en poussière fine, plus leur action est prompte.

D. Quelles sont les récoltes sur lesquelles leur effet est le plus prononcé ?

R. Ce sont surtout les raves, le colza, à la dose de 15 à 16 hectolitres par hectare. On les donne aussi aux céréales concurremment avec 12,000 ou 15,000 kilogr. de bon fumier.

D. Quel en est le prix ?

R. Ils se vendent, en poudre, de 15 à 20 fr. les 100 kilogr.

D. La suie n'est-elle pas susceptible de produire de bons effets ?

R. La suie est un excellent engrais que l'on emploie à la dose d'un tiers d'hectolitre par are, soit 35 hectolitres par hectare.

D. Comment l'emploie-t-on ?

R. On la mélange avec deux fois autant de terre et on la répand à la volée.

D. Sur quels sols fait-elle le mieux ?

R. Sur les sols calcaires.

D. Quelles sont les plantes qui se trouvent le mieux de son usage ?

R. La suie convient surtout aux céréales, aux fourrages légumineux et aux plantes industrielles. On l'emploie aussi très-efficacement sur les prairies humides et sur celles qui sont dévorées par la mousse.

CHAPITRE XV.

DU CHAULAGE.

D. Qu'appelle-t-on chaulage?

R. On donne ce nom à une opération agricole qui consiste à répandre de la chaux sur un sol.

D. D'où provient la chaux?

R. On l'obtient en soumettant à un feu intense, dans des fours spéciaux, la pierre à bâtir, dite pierre calcaire.

D. Que se passe-t-il dans le four?

R. La pierre calcaire est formée d'acide carbonique et de chaux. Sous l'influence de la chaleur elle est décomposée : l'acide carbonique se répand dans l'air, et il reste dans le four de la chaux vive.

D. Qu'appelle-t-on chaux éteinte?

R. C'est le produit que l'on obtient en jetant de l'eau sur la chaux vive ; celle-ci absorbe rapidement l'eau en s'échauffant beaucoup ; elle augmente de volume et finit par se désagréger en constituant une poussière blanche et légère.

D. Combien distingue-t-on d'espèces de chaux ?

R. On en distingue trois espèces d'après la nature du calcaire dont on l'extrait : c'est la chaux grasse, la chaux maigre et la chaux hydraulique.

D. Quels sont les caractères de la chaux grasse ?

R. Elle provient de la calcination des calcaires les plus purs ; elle est ordinairement très-blanche et augmente beaucoup de volume lorsqu'on l'éteint. Elle fournit d'excellents mortiers.

D. Quels sont ceux des chaux maigres?

R. Elles sont grises, foisonnent peu, et donnent avec l'eau une pâte courte qui ne durcit pas a l'air autant que celle qui est fournie par les chaux grasses.

D. A quoi reconnaît-on la chaux hydraulique?

R. Cette chaux forme avec l'eau une pâte courte qui, à l'air, ne devient pas très-consistante, mais qui durcit beaucoup sous l'eau, et qui durcit d'autant plus rapidement que le calcaire renferme une plus grande proportion d'argile.

D. Quelle est celle qu'on emploie en agriculture?

R. C'est la chaux grasse.

D. Comment agit-elle?

R. Elle agit surtout en favorisant la décomposition des substances végétales, et en enlevant à certains sols leur acidité.

D. A quelles terres doit-elle donc convenir?

R. Aux terres nouvellement défrichées qui contiennent beaucoup de débris végétaux, et aussi aux terres âcres, acides, où croissent les fougères, les mousses, les joncs, l'épine noire et le chiendent.

D. Ne l'emploie-t-on pas dans d'autres cas?

R. On l'emploie aussi dans les terrains argileux qu'elle rend plus perméables et dans lesquels elle repasse à l'état calcaire au moyen de l'acide carbonique qu'elle emprunte à l'air et au sol.

D. Quelle est la meilleure manière de l'employer?

R. Le meilleur moyen consiste à en faire des composts : on évite ainsi que, sous l'influence d'une pluie abondante,

3*

la poussière de chaux se réunisse en grumeaux, auquel cas elle serait inerte.

D. Lorsqu'on la donne isolément, quel soin doit-on prendre ?

R. Il est indispensable de veiller à ce qu'elle se délite, et pour assurer ce résultat on peut recourir au procédé suivant : On porte la chaux dans le champ et on dépose celle qui doit constituer chaque tas dans un panier qu'on plonge dans l'eau et qu'on y maintient jusqu'à ce que la chaux commence à éclater ; on renverse alors le panier à la place que doit occuper le tas : en peu d'heures, la chaux est réduite en poussière.

D. Comment la répand-on ?

R. On herse une ou plusieurs fois, pour la répandre aussi uniformément que possible ; puis on l'enfouit par un labour à 0^m,08^c au plus.

D. Dans quelle proportion la répand-on ?

R. La quantité que l'on doit donner par hectare varie avec la nature de la terre que l'on veut chauler : ainsi, trois à quatre hectolitres suffisent pour un sol léger, tandis qu'on peut, sans inconvénient, répandre jusqu'à huit hectolitres dans une terre argileuse.

D. A quelle époque doit-on la jeter ?

R. On doit la répandre à la fin de l'été, bien avant que les semences soient confiées à la terre, pour éviter que les germes des plantes soient brûlés par la chaux.

D. Quelles sont les conditions de succès du chaulage ?

R. C'est que le sol ait été préalablement égoutté, précaution qu'il serait inutile de prendre si le sous-sol était perméable.

D. Quelles sont les cultures sur lesquelles la chaux a le plus d'effet ?

R. C'est le blé qui se trouve bien du chaulage au point de vue de la quantité, mais surtout au point de vue de la qualité, l'avoine, l'orge et principalement le trèfle.

D. Le chaulage dispense-t-il de la fumure ?

R. Non ; le fumier doit être employé concurremment ; mais il faut les répandre séparément, parce que la chaux agirait sur le fumier, surtout sur le fumier vieux, de manière à entraîner la perte de quelques-uns de ses principes actifs.

D. N'y a-t-il pas abus à renouveler trop fréquemment les chaulages ?

R. Les chaulages trop souvent répétés sur un sol l'appauvrissent incessamment, et finiraient par le rendre stérile si on ne réparait, par de bonnes fumures, les pertes de terreau.

CHAPITRE XVI.

DU MARNAGE.

D. Qu'appelle-t-on *marnes* ?

R. On donne ce nom à des terres formées d'argile et de sable, mélangés dans des proportions variables.

D. Combien en connaît-on d'espèces ?

R. On en distingue deux espèces : les marnes *grasses* ou *argileuses,* dans lesquelles avec beaucoup d'argile il y a moins de $1/4$ de carbonate de chaux, et les marnes *maigres,* dans lesquelles domine le sable. Ces dernières prennent le nom de *calcaires,* lorsque leur sable est d'origine calcaire, et *sablonneuses,* lorsqu'il est de nature siliceuse.

D. Comment reconnaît-on une marne argileuse ?

R. Une marne argileuse est douce au toucher et ne donne presque pas d'effervescence lorsqu'on la soumet à l'action du vinaigre (acide acétique).

D. Quels sont les caractères de la marne calcaire ?

R. La marne calcaire ou *terre blanche* n'est pas liante comme la première ; elle s'émiette facilement et produit une vive effervescence lorsqu'on fait agir du vinaigre sur elle.

D. Ne peut-on pas facilement déterminer la quantité de calcaire qui entre dans une marne ?

R. On prend, pour cela, un poids quelconque de la

marne qu'on veut essayer : on y verse de l'eau-forte. Celle-ci va dissoudre le calcaire de la marne sur laquelle on expérimente, tandis que l'argile et le sable vont se porter au fond du vase. On décante et l'on dessèche parfaitement le résidu. Après cela, on le pèse et on retranche le poids trouvé du poids total de la marne : la différence indique le poids du calcaire qui a disparu.

D. A quoi reconnaît-on une marne siliceuse ?

R. Aux nombreux grains de sable qui s'y trouvent disséminés et à la propriété qu'elle possède de s'écraser aisément entre les doigts.

D. A quels sols convient la marne argileuse ?

R. Elle amende très-efficacement les sols légers en leur ménageant la possibilité de retenir l'humidité.

D. Quelles sont les terres auxquelles on doit donner les deux autres ?

R. On devra les donner, la marne calcaire surtout, aux terres fortes dont elles diminueront la compacité.

D. A quoi reconnaît-on une bonne marne ?

R. Une marne est d'autant meilleure qu'elle se réduit plus facilement en poussière sous l'action de l'air et des gelées. Après qu'on a reconnu l'espèce de marne qu'il faut à un terrain, on doit soigneusement s'assurer que la marne choisie possède cette propriété, de laquelle dépend son efficacité.

D. Ne peut-on pas suppléer au défaut de marne ?

R. Dans les pays où elle manque, on doit répandre sur les sols argileux des terres légères, de la poussière des routes et des cendres de bois lessivées.

D. Comment connait-on qu'un sol a besoin d'être marné ?

R. Il est certaines plantes dont la présence dans un sol indique l'opportunité du marnage : telles sont la digitale et l'oseille.

D. A quelle époque doit-on marner ?

R. Quand la marne est argileuse on doit la porter dans les champs en automne, afin que les pluies et les froids aient le temps de la réduire en poussière ; on la dispose en petits tas, et, au printemps, lorsque le sol et le tas sont secs, on la répand au moyen de la pelle. Cette opération doit être suivie de quelques hersages destinés à bien mélanger la terre et la marne. Enfin, on l'enfouit peu profondément au moyen d'un léger labour.

D. Quelle est la dose de marne par hectare ?

R. La quantité de marne, par hectare, varie suivant qu'on veut obtenir des effets plus ou moins prolongés, et suivant les besoins de la terre marnée. En général, il vaut mieux donner de 10 à 20 mètres cubes par hectare et répéter le marnage lorsque cela est redevenu nécessaire.

D. Combien de temps dure l'effet du marnage ?

R. Cette durée varie avec la dose et la nature de la marne employée. Ainsi, l'effet d'une marne grasse durera 15 et 18 ans, alors que celui de la marne maigre durera beaucoup moins.

D. L'action de la marne est-elle analogue à celle de la chaux ?

R. La marne agit comme la chaux, mécaniquement en rendant le sol plus poreux, et chimiquement en favorisant la formation du terreau. Seulement son action est moins énergique, et, par suite, elle n'épuise pas aussi promptement un sol en matières organiques, mais elle l'épuiserait aussi à la longue.

D. Comment remédier à cet inconvénient ?

R. On y remédie en employant les fumures ; et les fumiers frais doivent être préférés dans un sol marné.

D. Qu'entend-on par tangue ?

R. On appelle tangue un sable employé comme amendement dans certains départements de l'Ouest. Elle remplace la marne et produit d'excellents résultats.

CHAPITRE XVII.

DU PLATRE. — DES PLATRAS.

D. Comment s'obtient le plâtre ?

R. Pour obtenir le plâtre, on calcine, dans des fours spéciaux, la pierre à plâtre, appelée aussi *gypse*. Cette pierre blanchit par la cuisson : on n'a plus qu'à la broyer pour avoir cette poussière qu'on appelle plâtre.

D. Quel est l'effet du plâtre en Agriculture ?

R. Le plâtre agit sur quelques plantes, la luzerne, par exemple, en leur donnant de la vigueur ; il a aussi l'avantage d'arrêter le développement de certains végétaux nuisibles, comme les plantes marécageuses.

D. Quel est son mode d'action dans le premier cas ?

R. Il empêche le dégagement de l'ammoniaque qui tend à quitter le sol et les plantes pour se répandre, en pure perte, dans l'atmosphère.

D. Que faut-il pour assurer ce résultat ?

R. Il est indispensable que le plâtre séjourne sur les feuilles pendant plusieurs jours.

D. Comment, dès-lors, faut-il l'employer ?

R. Il faut le répandre, en poudre, sur les plantes, lorsqu'elles ont de 15 à 20 centimètres de hauteur ; cet épandage doit se faire le matin, lorsqu'il y a encore de la rosée ou que le temps est brumeux. Mais l'opération deviendrait complètement inutile, si elle était pratiquée après une forte pluie ou par un vent sec.

D. Quelles sont les récoltes auxquelles le plâtre est le plus particulièrement utile ?

R. C'est sur le trèfle, le sainfoin et la luzerne, que son action est le plus marquée.

D. Dans quelle proportion le donne-t-on ?

R. On le donne habituellement dans la proportion de deux hectolitres par hectare, ce qui représente, en poids, 240 kilogrammes. Il y aurait de sérieux inconvénients à exagérer cette proportion.

D. Quelle est la durée de son action ?

R. Son action dure de cinq à six ans, et il faut ne pas réitérer plus souvent les plâtrages.

D. Comment assure-t-on ses bons effets ?

R. En faisant précéder le plâtrage d'une bonne fumure.

D. Est-il nécessaire que le plâtre soit cuit ?

R. Peu importe qu'il soit cuit ou crû, pourvu qu'il soit tamisé et répandu uniformément.

D. Le plâtre convient-il aux céréales ?

R. Non, mais le fumier qu'on a plâtré pour sa conservation produit d'excellents effets sur les céréales et aussi sur les prairies naturelles.

D. Convient-il aux légumineuses (fèves, haricots, etc.)?

R. Donné aux fèves et aux haricots, le plâtre facilite bien leur développement, mais il les rend moins cuisants et de plus difficile digestion.

D. Peut-on le donner indistinctement à toutes les terres ?

R. Il a beaucoup plus d'action sur les terres légères et de moyenne consistance que sur les terres fortes.

D. Qu'appelle-t-on plâtras ?

R. On donne ce nom aux débris provenant d'une démolition.

D. S'en sert-on comme amendement ?

R. Oui, et leur mode d'action est à peu près le même que celui du plâtre ; néanmoins, ils sont préférables à ce dernier, parce qu'ils renferment certains sels (azotate de potasse, de soude ou de chaux), susceptibles de rendre des services. Ils sont d'autant plus précieux qu'ils proviennent de murs plus vieux.

D. Comment les emploie-t-on.

R. On les broie ou bien on les concasse, et lors des premiers labours d'automne, on les introduit dans le sol. Seulement, il faut éviter l'excès, parce qu'on rendrait le sol trop poreux.

D. Quelle est la proportion convenable ?

R. Habituellement, elle est de 8 à 10 mètres cubes par hectare ; on la mélange intimement avec la terre, par plusieurs labours, et on laisse écouler quelques mois avant d'ensemencer cette terre.

CHAPITRE XVIII.

DE L'ÉCOBUAGE.

D. Qu'appelle-t-on écobuage ?

R. C'est une opération agricole qui consiste à écroûter, à soulever la partie superficielle d'un terrain, à soumettre à l'action du feu la partie soulevée et les végétaux qu'elle renferme, et à répandre ensuite sur le sol les produits de la combustion.

D. Comment s'y prend-on pour écobuer ?

R. On divise la partie soulevée en plaques que l'on dispose en tas, les racines en l'air, en ayant soin de laisser un vide dans l'intérieur du tas et des ouvertures à la partie supérieure pour établir le tirage. On laisse ces mottes sécher pendant quelque temps, après quoi, on met le feu dans le vide qu'on a ménagé.

D. Comment conduit-on l'opération ?

R. Pour que les effets de l'écobuage soient favorables, il est important que le feu ait une marche lente : pour cela, quand le feu est intense, on diminue le tirage, en fermant avec de la boue quelqu'une des ouvertures supérieures.

D. Quel est le but de cette opération ?

R. Cette opération a pour but de sécher une portion de la terre et de diviser le reste.

D. Quels sont donc les sols qu'on doit écobuer ?

R. Ce sont les terres argileuses, acides, tourbeuses, les sols de bois défrichés et de marais desséchés.

D. Ne pratique-t-on pas aussi l'écobuage sur les terres légères ?

R. On le pratique très souvent, mais ce n'est pas pour changer la nature du sol.

D. Pourquoi donc le fait-on ?

R. On le fait pour réduire en cendres les nombreux végétaux que renferment ces terres.

D. Doit-on en obtenir de bons résultats ?

R. C'est une très mauvaise pratique. Il est vrai que la première récolte qui suit l'écobuage est bonne ; mais on risque de rendre le sol stérile pour bien longtemps.

D. Quel est l'inconvénient de cet écobuage ?

R. C'est qu'en brûlant les végétaux qui ont poussé sur le sol, on perd tous leurs principes organiques, qui s'échappent sous forme de fumée ; et le terrain ne profite, dès-lors, que des principes minéraux.

D. Peut-on remédier à cet inconvénient ?

R. On y remédie en ne poussant pas trop loin la combustion ; mais il vaut mieux encore convertir les plantes en fumier que les brûler sur le sol : on profite des éléments organiques et des éléments minéraux.

CHAPITRE XIX.

DRAINAGE. — DESSÈCHEMENT.

D. Qu'est-ce que le drainage?

R. Le drainage est une opération agricole qui consiste à pratiquer des tranchées dans un sol, à y établir des égouts de manière à ménager aux eaux un écoulement facile.

D. Est-ce le seul but du drainage?

R. Il favorise, en outre, la circulation de l'air dans les terres, ce qui est indispensable à la vie des plantes.

D. Quels sont ses avantages?

R. Il ameublit les terres, facilite leur travail, augmente leur fertilité, les rend plus chaudes et par conséquent plus précoces.

D. Pourquoi les terres drainées sont-elles d'un travail plus facile?

R. Parce que l'écoulement des eaux doit nécessairement donner aux terres compactes les propriétés des terres légères.

D. Pourquoi la fertilité augmente-t-elle par le drainage?

R. D'abord, parce que le drainage, en faisant disparaître la compacité du sol, ménage aux racines un facile développement, et, en second lieu, parce qu'il prévient l'excès d'humidité qui aurait pour conséquence nécessaire de pourrir les racines.

D. Comment se fait-il que la température augmente ?

R. C'est que l'eau, séjournant dans le sol, s'évapore, et qu'en s'évaporant, elle refroidit les corps environnants. C'est ainsi que s'explique le froid qu'on éprouve en sortant d'un bain.

D. Quelles sont les terres qui réclament surtout le drainage ?

R. Ce sont les terres fortes et celles dont le sous-sol est argileux. On fait une opération analogue lorsque, pour faire égoutter la terre d'un vase à fleurs, on pratique un trou au fond du vase.

D. Le drainage était-il connu des anciens ?

R. Il était connu d'eux ; il était même fort en usage chez les Romains.

D. En obtinrent-ils de bons effets ?

R. Ils obtinrent des résultats merveilleux ; car ils convertirent en plaines très-fertiles les environs de Rome qui étaient marécageux et complètement incultes.

D. Leurs travaux n'eurent-ils pas d'autres conséquences ?

R. Ils en eurent une extrêmement importante : ce fut d'assainir cette contrée dont la population était, jusqu'à ce moment, décimée par les fièvres.

D. Comment le drainage peut-il assainir un pays ?

R. Les marais et, en général, toutes les eaux croupissantes laissent dégager des miasmes, des gaz infects qui, se mêlant à l'air, sont respirés par l'homme et compromettent sa santé.

D. De quelle manière se pratiquait-il autrefois ?

R. Il y a quelques années à peine on se contentait de

creuser des fossés dans lesquels on jetait des cailloux que l'on recouvrait ensuite de terre.

D. Cette méthode est-elle bonne?

R. Elle est, au contraire, mauvaise : en effet, les intervalles que les cailloux laissent entre eux sont bientôt remplis par de la terre, et, dès lors, le passage de l'eau devient impossible. Aussi, ce procédé a-t-il été abandonné.

D. Quel est le meilleur moyen de drainer?

R. On prend des tubes en terre cuite qu'on appelle drains et qui ont 3 ou 4 décimètres de longueur sur 4 centimètres de diamètre. Ces tubes sont juxtaposés de manière à permettre à l'eau de s'introduire, par les joints, dans l'intérieur des tuyaux, et d'y prendre son cours jusqu'au réservoir qui lui est ménagé.

D. Le drainage ne dessèche-t-il pas trop les terres?

R. Non, l'eau qui séjourne dans les drains maintient à proximité des racines, l'humidité qui leur est nécessaire.

D. Quel sera le premier soin de celui qui voudra dessécher des marais?

R. Ce sera d'examiner la nature du sous-sol ; s'il est perméable, on n'aura qu'à pratiquer jusqu'au gravier un puisard où viendront se déverser les eaux au moyen de conduits en terre convenablement aménagés.

D. De quelle nature est le sol découvert?

R. Il est toujours argileux ou tourbeux.

D. S'il est tourbeux et qu'on veuille l'approprier à la culture, quelle marche doit-on suivre?

R. L'appropriation de ce sol sera toujours coûteuse, car elle exige des chaulages qui enlèvent au sol son acidité, et des marnages abondants qui la transforment. Toutefois, l'exploitation des tourbières dédommage des frais que le propriétaire est contraint d'exposer.

D. Quel est l'inconvénient que présentent ces terres?

R. Elles renferment en grand nombre des graines qui, ramenées à la surface du sol par les travaux d'appropriation, ne manquent pas de germer et de salir les premières récoltes.

D. Comment obvier à cet inconvénient?

R. On ensemence d'abord de l'avoine, des fèves ou du sarrasin.

CHAPITRE XX.

DE LA JACHÈRE ET DES ASSOLEMENTS.

D. Qu'entend-on par jachère?

R. On donne ce nom à une terre labourable qu'on laisse sans culture pendant un temps plus ou moins long. La jachère est *complète* lorsqu'elle va d'automne à automne, biennale lorsqu'elle comprend une durée de deux ans. La demi-jachère ne comprend qu'une saison.

D. Quel est son but?

R. La jachère a pour but de laisser une terre se reposer, de manière à ce qu'elle puisse réparer les pertes que les précédentes récoltes lui ont fait subir. Ainsi, plusieurs récoltes successives de froment épuiseront un sol en éléments organiques et en éléments minéraux, en silice principalement ; des fumures copieuses pourront bien remplacer les premiers, mais elles ne suppléeront pas à ce défaut de silice, et le blé ne pourra se développer qu'autant que le sol aura fait une nouvelle provision de ce principe minéral.

D. La jachère est-elle employée aujourd'hui?

R. Elle a été complètement abandonnée et remplacée par l'alternance des récoltes.

D. Quel est le nom que l'on donne à ce dernier système?

R. On lui donne le nom d'assolements.

4

D. Qu'est-ce qui a donné l'idée d'alterner les récoltes ?

R. C'est la différence de composition des diverses plantes. Ainsi, il n'y a pas d'inconvénient à donner à une terre épuisée en silice une plante dans la composition de laquelle il n'entre pas de silice. Une terre qui sera incapable de produire du blé pourra donner un très-bon rendement en pommes de terre ou en fourrages.

D. Cette pratique ne doit-elle pas avoir de bons effets ?

R. Elle doit en avoir d'excellents : ainsi, elle permet de nettoyer un sol infecté par de mauvaises herbes. Il n'y a pour cela qu'à faire intervenir, dans l'alternance, des plantes sarclées, la pomme de terre, par exemple.

D. Quelle est la règle à observer dans le système des assolements ?

R. Il faut avoir le soin de faire succéder la culture des plantes améliorantes à celle des plantes épuisantes.

D. Qu'appelle-t-on plantes épuisantes ?

R. On donne ce nom aux plantes qui, pour se nourrir, empruntent peu à l'air et beaucoup au sol : ce sont, en général, les plantes dont les feuilles sont rares et peu développées, et celles qui mûrissent sur pied. Le blé, l'avoine et l'orge sont dans ce cas.

D. Qu'appelle-t-on plantes améliorantes ?

R. Ce sont les plantes qui, grâce au feuillage développé, peuvent puiser dans l'air leurs éléments de nutrition, et qui, par suite, empruntent peu au sol. Elles sont récoltées avant la maturation de leurs graines. Le trèfle, la luzerne et les vesces appartiennent à cette catégorie.

D. Les plantes épuisantes n'ont-elles pas d'autres inconvénients que celui d'appauvrir le sol ?

R. Elles ont, en outre, le triste privilége de le salir,
c'est-à-dire de laisser s'y développer les mauvaises herbes.

D. Quel nom prend la série des cultures que l'on donne
à un sol ?

R. On l'appelle rotation.

D. Comment compose-t-on une rotation ?

R. On tient compte, dans le choix des plantes, de la nature du sol et aussi du climat.

D. Quelles sont celles qui réclament un climat chaud ?

R. Ce sont principalement le houblon, le tabac, le maïs,
le chanvre et la luzerne.

D. Quelles sont celles auxquelles convient un climat
tempéré ?

R. Ce sont surtout les pommes de terre, le lin, les
raves, le colza, le seigle, l'orge et le blé.

D. Quelles sont celles auxquelles il faut un climat humide ?

R. Ce sont les céréales (dans un sol léger), le trèfle, les
vesces.

D. A quelles convient le climat sec ?

R. Au maïs, à la luzerne, aux pois, et au sarrazin.

D. Donnez un exemple de rotation.

R. La 1re année, on donne des pommes de terre fumées
(plante améliorante) qu'on a soin de sarcler ; le sol se
trouve ainsi nettoyé et prêt à recevoir le froment (plante
épuisante) qu'on sème dans la 2e année ; la 5e année, on
donne le trèfle (plante améliorante), et enfin, la 4e année,
avoine ou maïs.

CHAPITRE XXI.

DES LABOURS.

D. Qu'entend-on par labour ?

R. Le labour est une opération agricole qui a pour but de diviser un sol, de manière à ce que les racines des plantes puissent aisément s'y répandre et y puiser les substances nutritives.

D. Quelle est la profondeur ordinaire des labours ?

R. La profondeur des labours proprement dits ne dépasse pas 0^m 32 centim.

D. Cette profondeur varie-t-elle avec les cultures ?

R. Les plantes dont les racines s'enfoncent plus avant dans la terre exigent des labours plus profonds : ainsi, il sera utile de labourer à 0^m 32 centim. pour la luzerne et le trèfle, tandis qu'une profondeur de 0^m 25 centim. suffira pour les céréales.

D. Qu'appelle-t-on défonçage ?

R. On donne ce nom à un retournement du sol fait au moyen de la charrue ou de la bêche et dont la profondeur dépasse 0^m 32 centim.

D. Qu'appelle-t-on hersage ou ameublissement ?

R. Le hersage est un labour superficiel.

D. Quelles sont les terres qu'on doit défoncer ?

R. Ce sont les terres profondes, c'est-à-dire celles dont la couche arable excède 0^m 54 centim., et celles qu'on veut défricher.

D. Quelles sont les cultures qui l'exigent?

R. Ce sont principalement la vigne, les luzernes et les plantes potagères.

D. Quelle est l'utilité de cette opération?

R. Le défonçage est très-utile en ce qu'il augmente la quantité de terre cultivable. En effet, on amène à la surface une terre neuve qui deviendra parfaitement propre à la culture après qu'elle aura été bien fumée et qu'elle aura subi l'influence de l'air et des autres agents atmosphériques.

D. Quelles sont les limites du défonçage?

R. On distingue le défonçage superficiel, le défonçage moyen et le défonçage complet. Le premier a lieu à $0^m 33$ centimètres, le second à $0^m 50$ centimètres et le troisième à 1 mètre.

D. Quand on veut diviser le sol, les labours doivent-ils être profonds?

R. S'il s'agit de diviser le sol, les labours profonds seront avantageux sur une terre profonde : ils seraient, au contraire, très-nuisibles s'ils avaient pour résultat d'amener à la surface du sable ou de l'argile.

D. Dans quel moment doit-on labourer les terres fortes?

R. Il faut les labourer quelque temps après une pluie, lorsque ces terres sont égouttées.

D. Quel inconvénient y a-t-il à les labourer avec l'humidité?

R. D'abord le travail se fait très-péniblement, parce que la terre argileuse s'attache aux pieds des animaux et aux instruments aratoires. En second lieu, les mottes qu'on soulève, en se détachant, se prennent en masses compactes qui se délitent ensuite très-difficilement.

D. Quel avec la sécheresse ?

R. C'est qu'elles résistent très-fortement et que la division en est très difficile.

D. Les choses se passent-elles de la même manière dans les terres légères ?

R. Celles-ci doivent être labourées très-superficiellement, parce que le sol est déjà trop divisé : de plus, on ne doit pas les labourer par un temps sec, parce qu'on leur enlèverait toute trace d'humidité.

D. Les labours n'ont-ils pas d'autre usage que celui de diviser la terre ?

R. Ils servent aussi à enfouir les engrais, et, dans ce cas, ils doivent être pratiqués tout différemment. Ainsi les engrais, dans les terres fortes, doivent être enfouis par des labours très peu profonds, parce que, s'ils ne demeuraient pas à la surface, les plantes n'en profiteraient pas. Au contraire, dans les terres légères, il faut les enterrer assez profondément sous peine de les voir se dessécher et perdre de leur valeur.

D. Quel est le moment le plus favorable pour faire les grands labours ?

R. On les fait en automne, et voici pourquoi : aux premières pluies, les mottes de terre s'imbibent d'eau. Quand les gelées viennent, cette eau se congèle ; en se congélant, elle augmente de volume et fait ainsi rompre les mottes, qui, dès-lors, s'émiettent aisément.

D. Quel est le moyen que l'on prend lorsqu'on veut simplement nettoyer un sol ?

R. On herse, opération qui consiste à promener sur un sol un instrument qu'on appelle *herse*. Il se compose d'un cadre en bois où se croisent des traverses munies de fortes dents de fer ou de bois dur. Le hersage sert aussi à briser les mottes dans les champs que l'on vient d'ensemencer et à enfouir les graines que l'on vient de jeter.

D. Quand on veut simplement pulvériser et aplanir un sol, comment s'y prend-on ?

R. On se sert aussi de la herse ; seulement, on la retourne de manière à ce que les dents soient en l'air, et on la promène sur le sol.

D. Qu'est-ce que butter des plantes ?

R. C'est labourer entre leurs lignes de manière à creuser un sillon dont la terre est rejetée sur les racines de ces plantes ; on butte, entr'autres récoltes, les pommes de terre et le maïs.

D. Qu'est-ce que rouler un sol ?

R. C'est une opération qui consiste à tasser le sol : on se sert pour cela d'un rouleau en pierre ou en bois.

D. Dans quels cas le roulage rend-il des services ?

R. Après les gelées, lorsque celles-ci ont soulevé le sol, et aussi dans les prairies, qui, par ce moyen, conservent beaucoup mieux leur humidité.

D. Qu'appelle-t-on binage ?

R. Ce nom est donné à une opération qui a pour but de faire perdre les mauvaises herbes et d'ameublir le sol. On le pratique sur les pommes de terre, les betteraves, les carottes, etc.

CHAPITRE XXII.

DÉFRICHEMENTS.

D. Qu'entend-on par défrichements?

R. On désigne par ce nom une opération agricole ayant pour but de convertir un terrain inculte, ou marécageux, ou boisé, ou couvert de fougères, de broussailles, etc., en terres labourables, prairies ou vignes.

D. Combien connaît-on de méthodes de défrichement?

R. On en connaît trois : le défrichement à la pioche, qui est peu pratiqué parce qu'il nécessite de grands frais de main-d'œuvre et que les ouvriers employés à ce travail ne vont pas toujours à une profondeur suffisante; 2° le défrichement par écobuage, qui a pour effet de diviser le sol et qui, dès-lors, ne saurait convenir qu'aux terres fortes; 3e enfin le défrichement à la charrue, qui est le plus généralement adopté, surtout depuis que la construction des charrues a été perfectionnée.

D. Quel doit être le premier souci d'un défricheur?

R. Ce doit être de connaître la nature du sol, de manière à choisir la méthode de défrichement.

D. Les labours de défrichement doivent-ils être profonds?

R. Ils doivent être profonds et fréquents : car il est indispensable qu'avant de recevoir de semence, le sol défriché soit bien divisé et qu'il ait subi longtemps l'influence de l'air et du soleil.

D. Comment peut-on classer les défrichements ?

R. En défrichement de landes, défrichement de bois et défrichement de prairies.

D. Quelle est la condition à remplir pour qu'un défrichement de landes donne de bons résultats ?

R. Comme les landes sont, d'ordinaire, couvertes de fougères, il faut avoir soin de labourer à 0ᵐ 40 ou 45 centim. de profondeur, de manière à soulever les racines de ces fougères, qui, sans cela, repousseraient l'année suivante.

D. Toutes les terres de landes sont-elles également bonnes ?

R. On doit préférer celles où croissent abondamment les ajoncs, la bruyère à balais et la ronce commune.

D. Quel est, en général, le vice des sols des landes ?

R. Ces terres sont acides, propriété qu'elles doivent au tannin qu'elles renferment.

D. Comment les corrige-t-on ?

R. Par le chaulage, car la chaux, et la marne calcaire tout aussi bien, leur enlèvent cette acidité.

D. Que doit-on faire immédiatement après avoir défriché une terre ?

R. On doit l'égoutter, soit par le drainage, soit par des fossés d'écoulement : cette opération a le double avantage d'assainir les lieux et d'améliorer le sol.

D. Ne peut-on pas utiliser les eaux provenant de ce drainage ?

R. On pourra s'en servir pour irriguer les prairies que le colon devra s'empresser de créer.

4*

D. Quelle culture convient-il de donner tout d'abord à ces terres ?

R. La culture qui convient le plus est celle du colza, qui devra être suivie de celle du seigle.

D. Sera-t-il utile de fumer ?

R. Une fumure sera indispensable ; toutefois, comme, au début de ses travaux, le défricheur manque ordinairement de fumier, il pourra le remplacer par le noir animal, qui sera répandu à la dose de 4 à 5 hectol. par hectare.

D. Avant la deuxième semence, comment peut-on remédier au défaut de fumure ?

R. Il n'y a qu'à semer du sarrasin ou des lupins et à enfouir la récolte en vert.

CHAPITRE XXIII.

DÉFRICHEMENTS (Suite.)

D. Le défrichement d'une forêt exige-t-il de grands travaux préalables pour la mise en culture ?

R. Lorsque le sol occupe la place d'anciennes forêts, il n'y a qu'à y passer la charrue pour obtenir d'abondantes récoltes ; mais il faut apporter le plus grand soin à ce que toutes les racines, grosses ou petites, qui courent entre deux terres, soient arrachées.

D. La fumure est-elle nécessaire ?

R. Ce sol n'a pas besoin de fumier, et cela pour une raison bien simple : c'est qu'il a profité de l'engrais fourni par les plantes, feuilles et branches qui, pendant longtemps, se sont décomposées sur place.

D. Lorsque le sol est pierreux, qu'y a-t-il à faire ?

R. On doit agir d'après la nature de cette terre ; si elle est argileuse, le mieux est de pratiquer des fosses et d'enterrer les pierres, ce sera un moyen de rendre la terre plus perméable. Dans le cas où c'est un sol léger, il faut nécessairement enlever les pierres, parce que leur présence augmenterait la porosité de ce sol.

D. Quelle est l'opération qui doit suivre immédiatement ce défrichement ?

R. C'est le chaulage ; la chaux agit ici en facilitant la conversion de nombreux débris organiques en terreau.

D. Quelles sont les diverses façons que le sol doit recevoir ?

R. Au printemps on laboure profondément et on laisse ainsi la terre pendant un an, en ayant soin de faire manger par les animaux l'herbe qui pousse dans les raies ; le printemps suivant on donne plusieurs hersages ; vers la fin de juin un autre labour, et dans le mois de septembre nouveaux hersages.

D. Quelles doivent être les premières cultures ?

R. Ce sera l'avoine et le froment qui seront semés après les hersages du mois de septembre.

D. Les forêts n'ont-elles pas une influence sur les variations atmosphériques ?

R. Les arbres attirent les nuages chargés d'eau et favorisent, par suite, la production de la pluie.

D. Quels sont, par conséquent, les pays où il faut ne pas défricher les forêts ?

R. Ce sont les pays secs où les terres ont besoin de recevoir, de temps à autre, quelque humidité.

D. La configuration du sol ne commande-t-elle pas aussi quelque prudence dans la pratique de ces défrichements ?

R. Dans les pays accidentés, montagneux, il faudra ne défricher qu'avec une grande réserve, sous peine d'exposer les terres à être ravinées, emportées lors des pluies torrentielles de l'été ; car les arbres retiennent les terres et favorisent l'absorption de l'eau.

D. Comment s'y prend-on pour défricher les prairies ?

R. On les retourne à la charrue.

D. Quelles sont les prairies qu'on défriche ?

R. Ce sont les prairies vieilles, épuisées, et dans lesquelles les bonnes herbes ont dégénéré en mousse et autres plantes mauvaises.

D. Le sol d'une prairie défrichée peut-il donner, tout de suite, d'autres cultures ?

R. Il doit être, au préalable, fortement fumé ; la paille de céréales, sans cela, verserait assurément.

D. Les céréales destinées à l'ensemencement des terres nouvellement défrichées, n'exigent-elles pas une préparation préalable ?

R. On leur doit faire subir une préparation connue sous le nom de *pralinage,* qui a pour but de donner plus de vigueur à la jeune plante.

D. En quoi consiste le pralinage ?

R. On prend, pour un hectolitre de blé, 170 kilogr. de noir animal que l'on pulvérise avec soin, et 2 kilogr. de nitrate de soude : on l'humecte ensuite avec du purin, de manière à former une sorte de pâte dans laquelle on roule le grain destiné aux semailles ; on laisse ensuite le grain se ressuyer, puis on recommence jusqu'à ce que le grain soit complètement recouvert. Il n'y a plus qu'à le répandre, en ayant soin de passer trois fois à la même place parce que le grain, ayant acquis un volume à peu près triple du sien, on ne répand chaque fois que le tiers du grain nécessaire.

CHAPITRE XXIV.

DES PRAIRIES NATURELLES.

D. Quel est le terrain que l'on doit choisir pour établir une prairie ?

R. Avec de la bonne eau, un terrain quelconque peut être converti en prairie.

D. Lorsqu'on veut convertir les pâturages en prairies, doit-on enlever les gazons ?

R. Il faut, au contraire, les conserver ; car l'eau d'irrigation et le fumier les bonifieront. Seulement, on devra les nettoyer, niveler le sol, et enlever soigneusement les ronces et les épines.

D. Tous les sols s'adaptent-ils également à la création d'une prairie ?

R. Les sols argileux, par le seul fait qu'ils assurent aux plantes une humidité à peu près constante, sont ceux qui conviennent le mieux. Les sols sablonneux, naturellement secs, ont besoin de beaucoup d'eau. Les sols calcaires sont ceux qui conviennent le moins à l'établissement des prairies naturelles, parce que, d'habitude, leur sous-sol est très-perméable. Toutefois, lorsqu'on peut disposer d'une grande quantité d'eau, on doit, sans hésiter, faire des prairies sur les sols calcaires, parce que les fourrages qu'ils donnent sont d'une qualité supérieure.

D. Ne doit-on pas se préoccuper de la position du sol ?

R. La position du sol doit être prise en considération : ainsi les lieux bas, humides, desquels l'eau ne s'écoule point, ne sauraient convenir, à moins qu'on ne les assainisse par le drainage. L'eau qui séjournerait ne manquerait pas de produire du jonc.

D. La configuration du sol importe-t-elle ?

R. Elle importe beaucoup ; car dans les terrains à pente rapide l'eau ne peut pas séjourner assez. On doit donc, autant que faire se peut, choisir un terrain à surface unie, peu accidentée, sur lequel il soit aisé de faire couler les eaux régulièrement.

D. Et l'exposition ?

R. L'exposition au midi doit être préférée ; les fourrages sont de meilleure qualité.

D. Le choix de la semence est-il important ?

R. Il est de la plus grande importance, car de ce choix dépend la réussite et la durée d'une prairie. Il faut, autant que possible, prendre de la semence provenant de diverses prairies, de prairies appartenant à des sols différents.

D. Pourquoi le choix doit-il être fait ainsi ?

R. Parce que le même sol ne peut pas donner longtemps la même espèce de plantes et que, dès lors, la durée d'une prairie est en raison du nombre d'espèces qui la composent.

D. Quels sont les premiers travaux d'établissement d'une prairie ?

R. Le sol doit être défoncé profondément, et s'il est argileux, on y mettra de la chaux, et on fumera au printemps ; après cela, on hersera de manière à niveler et l'on aura soin de bien remplir les excavations.

D. Ne peut-on pas procéder autrement ?

R. Dans les terrains planes on laboure, puis on fume, en employant autant que possible les fumiers les plus frais ; le fumier est enfoui à l'aide de légers labours. Cela fait, on jette les graines choisies et des balles de foin en grande quantité ; enfin, on tasse la terre en roulant avec le rouleau le plus lourd.

D. Quelle est la précaution à prendre par rapport aux premières pousses ?

R. Il faut les laisser arriver à graines bien mûres et ne les faucher qu'alors. On doit aussi éviter que les animaux pénètrent dans une prairie que l'on vient de créer, parce qu'ils arracheraient les jeunes plantes. Enfin, il faut arracher avec soin, durant la première année, les mauvaises herbes, telles que chardons et carottes sauvages. Il faut les arracher et non pas seulement les couper ; car les racines restant, les plantes se reproduiraient. Cette opération doit se faire au printemps pour les chardons, et au moment de la floraison pour les carottes.

D. A quelle époque doit se faire la première irrigation ?

R. Elle doit se faire après la coupe des plantes parvenues à maturité ; on obtient, pour l'automne suivant, un bon pâturage.

D. Combien de temps faut-il pour créer une prairie ?

R. En général il faut trois ans ; néanmoins deux ans suffisent dans un terrain de bonne nature.

D. Le meilleur moyen de fumer une prairie est-il de répandre le fumier en nature ?

R. Il vaut infiniment mieux pratiquer une fosse dans laquelle on dépose le fumier et par laquelle on fait passer les eaux d'irrigation. On remue de temps à autre ; ces eaux s'emparent des principes actifs du fumier que les plantes, dès lors, absorbent plus aisément.

D. Quel est le moyen de réparer une prairie vieille ou qui a été négligée ?

R. Le meilleur moyen consiste dans l'usage des fumures et des os.

D. Comment emploie-t-on les os ?

R. On les réduit en poussière, que l'on arrose d'acide sulfurique ou huile de vitriol. On étend ensuite cela de beaucoup d'eau et on arrose la prairie avec le liquide ainsi préparé. On peut aussi se contenter de répandre la poussière sur la prairie : seulement, dans ce dernier cas, l'action des os est plus lente. Il est vrai qu'elle est aussi de plus longue durée.

D. A quoi reconnaît-on qu'une prairie est épuisée ?

R. On le reconnaît à l'apparition des mousses et de quelques autres mauvaises plantes dont l'air a apporté les graines et qui ont pris la place des bonnes herbes, à la vie desquelles le sol n'a plus pu fournir.

D. Comment s'y prendre pour faire disparaître ces mousses ?

R. Il n'y a qu'à saupoudrer le sol avec de la cendre ou avec de la chaux. Une irrigation rapide, constante, avec des eaux enrichies au contact du fumier, les fait disparaître aussi très-bien.

CHAPITRE XXV.

DES IRRIGATIONS.

D. Quel est le but des irrigations?

R. Les irrigations ont pour but d'entretenir dans le sol l'humidité nécessaire à la qualité et surtout à la quantité de foin.

D. Tous les sols demandent-ils la même quantité d'eau pour être irrigués?

R. Les sols argileux se contentent d'une faible quantité, tandis qu'il en faut une très-grande aux sols sablonneux et aux sols calcaires.

D. Le climat ne doit-il pas influer aussi sur cette quantité?

R. Il est évident qu'il faudra plus d'eau sous un climat chaud, parce qu'il y aura plus d'évaporation.

D. Une eau quelconque peut-elle servir?

R. Il faut se bien garder de croire que toutes les eaux soient bonnes pour les irrigations; il en est même qui sont essentiellement nuisibles.

D. A quels signes reconnaît-on une bonne eau?

R. Elle sera bonne lorsqu'elle cuira bien les légumes, que les joncs seront élevés et plats et que le cresson poussera sur les bords.

D. A quels caractères reconnaît-on une mauvaise eau ?

R. Une eau sera mauvaise lorsque, dans le cours du ruisseau ou à sa naissance, on verra de petits joncs ronds, lorsqu'elle cuira mal les légumes et dissoudra difficilement le savon.

D. Ne peut-on pas améliorer certaines eaux crues qui produisent des herbes dures et peu recherchées des animaux ?

R. Il n'y a qu'à les aérer : pour cela, on ménage sur le parcours de cette eau des chutes, des cascades, ou bien on les bat au moyen d'une roue.

D. N'y a-t-il pas d'autres eaux mauvaises que l'on peut aussi corriger ?

R. Les eaux qui, après être restées quelques instants au soleil, se couvrent d'une couche de substance rougeâtre, sont des eaux qui rendraient assurément la prairie infertile. Lorsqu'on n'en a pas d'autres, il faut bien s'en servir ; mais alors on doit les corriger en les faisant passer dans une fosse où l'on a déposé des cendres ou de la chaux.

D. Quelles sont les eaux que l'on peut utiliser pour les irrigations ?

R. On peut utiliser l'eau des rivières, l'eau de source, l'eau de pluie, l'eau provenant de drainage et enfin l'eau des chemins.

D. Quel est l'avantage des eaux de rivière ?

R. Il arrive quelquefois que cette eau charrie un limon qui accroît la fertilité des plantes.

D. Les eaux de source sont-elles toutes bonnes ?

R. Leurs qualités dépendent de la composition des couches du sol qu'elles ont traversées, et, par conséquent, des substances qu'elles tiennent en dissolution ou en suspension.

D. Quel est l'avantage des eaux de pluie ?

R. En traversant l'air, cette eau se charge d'une foule de substances qui font sa fertilité. Il est fâcheux seulement qu'on n'en puisse pas disposer à son gré.

D. L'eau provenant du drainage peut-elle être employée ?

R. On doit l'utiliser avec le plus grand soin ; car elle possède de très-grandes propriétés fertilisantes.

D. Quelle est de toutes la meilleure ?

R. C'est, incontestablement, l'eau des routes qui arrive sur les prairies chargée de matières organiques. On se la procure à l'aide d'aqueducs que l'administration autorise à construire sur les routes.

D. Comment reconnaît-on qu'une eau renferme des matières organiques ?

R. On n'a qu'à prendre cette eau et la faire bouillir jusqu'à ce que, par l'évaporation, elle ait été réduite à un très-petit volume. Si ce résidu est coloré et qu'il sente la vase, on peut être sûr que cette eau est riche en matières organiques.

D. L'eau n'agit-elle sur les plantes que par les principes qu'elle renferme ?

R. Elle a une autre action très-importante : elle les protège contre la chaleur et aussi contre le froid. Ainsi, lorsque la gelée aura surpris les plantes, on devra se hâter d'irriguer avant le dégel, on préviendra par ce moyen le fâcheux effet des gelées. Enfin, par les irrigations, on débarrasse les prairies des taupes, des souris, etc.

D. Comment distingue-t-on les irrigations?

R. On les distingue en irrigations par écoulement et irrigations par submersion. Les premières se pratiquent sur les terrains en pente au moyen d'un nombre de rigoles d'autant plus grand que la pente est plus prononcée. Les secondes ne se font que dans les terrains horizontaux.

D. Quelle est la condition essentielle au succès d'une irrigation par écoulement?

R. Il est indispensable que l'eau soit continuellement en mouvement; de plus, il faut alterner les arrosages et les dessèchements pour que le sol puisse s'échauffer sous l'action du soleil.

D. Peut-on préciser les époques auxquelles doivent se faire les irrigations?

R. Il est impossible de préciser ces époques par la raison qu'il faut tenir compte du sol et du climat. Néanmoins, il y a des époques où les arrosages sont toujours utiles : ceux d'automne sont de ce nombre. En février, on doit donner beaucoup d'eau; en mars et en août, on doit redouter l'action du soleil et n'irriguer que pendant la nuit ou durant les jours où le ciel est couvert, à moins que le sol ne soit calcaire et que l'eau ne s'écoule facilement. En avril, on peut encore arroser, mais en mai, à moins que le temps ne soit très-chaud, il faut suspendre jusqu'après la fauchaison. Quand le foin est enlevé, on arrose abondamment pendant huit jours, puis on supprime pour recommencer quinze jours après à donner de petites quantités d'eau.

D. Ne peut-on pas aussi arroser pendant l'hiver?

R. On ne doit arroser pendant l'hiver qu'avec une grande circonspection, parce qu'il faut éviter de faire geler les plantes. Cependant, lorsqu'on dispose d'une grande quantité d'eau et qu'on est sûr qu'entre les plantes et la couche de glace il y aura une bonne épaisseur d'eau, l'arrosement produira de bons effets en ce qu'il mettra les herbes à l'abri du froid.

D. Cette pratique n'a-t-elle pas des inconvénients?

R. Il peut arriver que la glace persiste longtemps, et que, faute d'air, les plantes périssent. On évite ce danger en brisant la glace en quelques points, de manière à ce que l'air puisse s'introduire.

D. Ne peut-on pas utiliser les gelées pour détruire la mousse ?

R. Il faut pour cela faire geler, de manière que la glace adhère au sol : les mousses disparaissent à merveille.

CHAPITRE XXVI.

DE LA FENAISON.

D. Dans quel moment doit-on faucher une prairie ?

R. On doit faucher une prairie lorsque les plantes fleurissent, parce qu'elles ont alors acquis tout leur développement.

D. Quel inconvénient y aurait-il à faucher plus tôt ?

R. Les plantes n'étant pas formées seraient aqueuses, et, par suite, peu nourrissantes.

D. Quel inconvénient à faucher plus tard ?

R. Les plantes auraient perdu une partie de leurs principes nutritifs, et ne donneraient, dès-lors, qu'un foin pauvre et dur.

D. Quel est le rendement d'un hectare de prairie ?

R. On évalue à 15,000 kilog. le rendement maximum d'un hectare de prairie.

D. Quel est le travail d'un faucheur ?

R. On estime qu'un bon faucheur coupe un hectare de prairie en 4 jours.

D. Les bonnes prairies ne donnent-elles pas une deuxième coupe ?

R. Les bonnes prairies, les prairies irriguées surtout, donnent une deuxième coupe appelée regain. Il est beaucoup plus nutritif que le foin, aussi ne convient-il qu'aux jeunes animaux et à ceux qu'on engraisse.

D. Quand l'herbe est coupée, quel soin faut-il en prendre ?

R. Il faut la laisser sécher convenablement sur le sol.

D. Quel inconvénient y aurait-il à la remiser incomplète-ment sèche.

R. L'herbe entassée dans le grenier ne manquerait pas de fermenter, et la fermentation pourrait être assez active pour déterminer un incendie.

D. Si l'on comprenait que l'herbe n'est pas suffisamment séchée et qu'il y a quelques dangers, quel moyen devrait-on prendre ?

R. Il faudrait bien tasser l'herbe de manière à ne pas permettre à l'air de circuler dans le tas : ou mieux encore on devrait, sur les diverses assises qui forment le tas, répandre du sel de cuisine dans la proportion de 1 kilog. de sel pour 1,000 kilog. de foin ; ce sel absorbe, pour fondre, l'humidité qui se dégage de l'herbe, et donne, en outre, à cette herbe un goût qui la rend très-agréable aux animaux. Enfin, il existe un troisième procédé, qui consiste à alterner les couches de foin avec des couches de paille.

D. Quel inconvénient y a-t-il à la laisser sécher trop ?

R. C'est qu'en remisant le foin on fait tomber des feuilles et des fleurs, c'est-à-dire la partie la plus azotée et consé-quemment la plus nutritive.

D. Quel est le moment qu'il convient de choisir pour remiser le foin ?

R. C'est le matin, parce que, dans la journée, le soleil aurait inévitablement pour effet de favoriser la chute des feuilles et des fleurs.

D. Comment s'y prend-on pour sécher le foin et le regain ?

R. Il y a deux méthodes employées : La première, qui est la plus suivie, consiste à remuer l'herbe de manière à la bien exposer aux rayons solaires; la deuxième consiste à traiter le fourrage par la fermentation.

D. Comment s'applique cette dernière méthode ?

R. Le jour même ou le lendemain du jour où l'herbe a été coupée, on en fait sur le sol des tas aussi considérables que possible. La fermentation ne tarde pas à s'y établir, et après trois ou quatre jours elle est tellement intense que l'on ne peut pas y tenir la main. Si le temps est beau, on défait le tas, on étend le foin qui, après une demi-journée, est parfaitement sec. Si le temps est pluvieux, on retarde le démontage jusqu'à ce que survienne un moment beau; on en profite pour défaire la meule, laisser refroidir et la reconstruire.

D. Cette méthode est-elle bonne ?

R. D'excellents agriculteurs l'emploient et assurent s'en bien trouver. Il est certain qu'elle peut présenter de grands avantages quand il s'agit de sécher le regain que l'on coupe à une époque où la chaleur solaire n'est pas très-intense. Quand le regain a été séché par ce moyen, on le met en tas en alternant avec des couches de paille, en cas que la dessiccation ne soit pas complète.

D. Doit-on garder le foin plus d'un an ?

R. On doit éviter de garder le foin plus d'un an, parce que, d'après les expériences faites, il perd dans le grenier de 15 à 20 p. % de son poids primitif.

5

D. Bien qu'il soit renfermé sec, ne se détériore-t-il pas quelquefois dans le grenier?

R. Il arrive souvent que le foin est détérioré par les émanations qui se dégagent de l'étable. On remédie à cet inconvénient au moyen d'un bon plancher au-dessus de l'étable.

CHAPITRE XXVII.

PRAIRIES ARTIFICIELLES.

(Plantes améliorantes).

D. Quelle différence y a-t-il entre les prairies naturelles et les prairies artificielles?

R. C'est que les prairies naturelles fournissent des plantes de toute espèce, de toute saison et de toute durée, dont la moitié, au plus, convient à la nourriture des animaux, tandis que les prairies artificielles qui ne sont, le plus souvent, que temporaires sont composées de plantes fourragères choisies suivant la nature du terrain.

D. Quelles sont les plantes qui constituent, le plus souvent, les prairies artificielles?

R. De ce nombre sont la luzerne, le sainfoin et le trèfle (plantes améliorantes); les maïs, le sarrasin, la spergule et le ray-grass (plantes épuisantes).

D. Quel est le sol qui convient le mieux à la luzerne?

R. C'est le terrain calcaire ou préalablement rendu tel par le chaulage.

D. Quelle préparation exige-t-il?

R. Il doit être profondément labouré, parfaitement ameubli, préparé par la culture de plantes sarclées et bien fumé.

D. Quelle est la durée d'une luzernière?

R. Bien soignée, elle dure de quinze à vingt ans.

D. Comment se fait l'ensemencement ?

R. Il doit se faire par un temps calme, à la volée, à raison de 30 kilogrammes par hectare et en même temps qu'une céréale ; seulement les graines des deux plantes doivent être jetées séparément.

D. Quelles sont les céréales qui conviennent en pareil cas ?

R. Principalement l'avoine, l'orge, et le blé de printemps, semés en quantité moitié moindre que si on les semait seules.

D. Quels soins réclame une luzernière?

R. Il faut épierrer dans l'hiver qui suit le semis et herser fortement au printemps ; le fumier se donne pendant l'hiver, et il est indispensable que ce soit du fumier consommé.

D. Quel est le rendement?

R. On évalue le rendement ordinaire à 6,000 kilogrammes par hectare.

D. Le fanage n'exige-t-il pas quelques précautions?

R. On doit, autant que possible, éviter la chute des feuilles et, pour cela, ne pas remuer la luzerne dans le milieu du jour.

D. Quel est l'avantage que présente la culture du sain-foin ?

R. C'est de pouvoir se développer dans des terres sèches, arides ; il est vrai que, dans des conditions pareilles, son rendement est peu considérable et sa durée fort courte. Les terres argileuses et humides ne lui conviennent point.

D. Quand et comment le sème-t-on?

R. On le sème au printemps, et à raison de 2 à 3 hectolitres par hectare.

D. Quelle est la meilleure graine?

R. C'est celle qui provient des plantes vieilles.

D. Quelle est la préparation des terres?

R. Les terres à sainfoin doivent être défoncées profondément; car les racines de cette plante, de forme pivotante, s'enfoncent bien avant dans le sol. Les soins que l'on donne ultérieurement à cette plante, sont absolument ceux que l'on donne à la luzerne.

D. Doit-on y laisser pâturer de bonne heure?

R. Il faut éviter qu'il soit paturé avant la fin de sa deuxième année, parce que les tiges seraient ébranlées par la dent du bétail.

D. Quelle est sa durée?

R. Le sainfoin a une durée moyenne de 12 ans.

D. Quel est son rendement?

R. Il donne, par hectare, de 40 à 80 quintaux (4,000 à 8,000 kilogrammes) d'excellent fourrage, très nutritif et très recherché des animaux.

D. Toutes les plantes viennent-elles bien après le sainfoin?

R. Elles viennent toutes bien, à l'exception du seigle, mais la pomme de terre est celle qui réussit le mieux.

D. Quand doit-on couper le sainfoin?

R. Si on veut le faire consommer en vert, il faut le couper avant que ne paraissent les premières fleurs; si l'on veut, au contraire, obtenir du fourrage sec, il faut attendre que toutes les fleurs se soient montrées. On fane ensuite de manière à éviter la chute de ses fleurs et de ses feuilles

D. Est-on obligé d'attendre, comme pour le foin, qu'il ait jeté son feu?

R. Non; on peut, sans inconvénient, le faire manger tout de suite.

D. Ne connaît-on pas plusieurs espèces de trèfle?

R. On en distingue trois : le *trèfle rouge*, qui est le plus commun et le meilleur, le *trèfle incarnat* et le *trèfle blanc*.

D. Quelles sont les conditions de succès de cette culture?

R. Il faut un sol profond, meuble, fertile et frais avec un climat humide. De plus, il ne peut venir sur le même terrain qu'après six ans?

D. Quand et comment le sème-t-on?

R. On le sème au printemps avec une céréale ou en automne, sur une récolte sarclée, à raison de 15 à 18 kilogrammes de graine par hectare.

D. Quels soins demande-t-il?

R. Il faut le fumer en couverture avec du fumier consommé. Le plâtre lui convient également beaucoup.

D. Quel est son rendement?

R. Le trèfle ne dure qu'un an et produit, en moyenne, de 6,000 à 8,000 kilogrammes de graine, si on laisse monter la deuxième coupe.

D. Comment l'utilise-t-on?

R. On l'emploie en vert; on ne peut même pas le faire sécher, car en séchant il perd de la saveur, et par le fanage il se brise.

D. Son emploi ne commande-t-il pas quelque précaution?

R. Il faut veiller à ce que les animaux ne le mangent

pas lorsqu'il est mouillé, car il provoquerait une maladie (*enflure du ventre*), qui pourrait être rapidement mortelle.

D. Quel est le moyen de combattre cette maladie?

R. On la combat très efficacement en faisant boire à l'animal un litre d'eau dans laquelle on a versé 20 à 25 grammes d'ammoniaque liquide.

D. Quel avantage présente la culture du trèfle?

R. Le trèfle divise et prépare parfaitement un sol : aussi tous les végétaux, indistinctement, viennent-ils bien après lui.

CHAPITRE XXVIII.

PRAIRIES ARTIFICIELLES.

(Plantes épuisantes.)

D. Dans le groupe épuisant, quelles sont les principales espèces ?

R. Ce sont le maïs, le seigle, la spergule et le ray-gras.

D. Le maïs donne-t-il un bon fourrage ?

R. Il donne un excellent fourrage renfermant une proportion notable de sucre ; mais il est surtout bon pour les vaches laitières, au point de vue de la qualité de leur lait.

D. Comment le sème-t-on ?

R. Lorsqu'on veut obtenir exclusivement du maïs-fourrage, on sème ordinairement à la volée ; mais il est plus avantageux de semer en lignes espacées les unes des autres de 50 à 60 centim. en disposant les grains un à un au fond du sillon, à 3 ou 4 centim. de distance. La semence, dans ces conditions, comporte, à peu près, un hectolitre par hectare.

D. Quel est l'avantage du maïs ?

R. C'est qu'il vient à bonne heure et qu'il permet aux cultivateurs d'attendre le foin.

D. Quel est l'inconvénient qu'il offre ?

R. C'est que son fanage est long, qu'il sèche difficilement. On y remédie en le donnant vert.

D. Quand le coupe-t-on ?

R. On commence à le couper dès que les fleurs paraissent; il est encore bon quelques jours après que les tiges ont défleuri.

D. Quel est son rendement?

R. Il est évalué à 30,000 ou 35,000 kilog. de fourrage vert.

D. Le seigle est-il un bon fourrage ?

R. C'est un excellent fourrage, tellement nourrissant qu'il faut ne pas le donner seul ; on le mélange habituellement avec de la paille.

D. Comment le cueille-t-on ?

R. On peut le faucher deux fois en avril et le faire pacager ensuite, sans que les récoltes subséquentes en souffrent.

D. Quels sont les sols préférés par cette plante ?

R. Le seigle s'accommode de tous les sols, pourvu qu'il n'y ait pas une humidité continue ; cependant les sols un peu calcaires, bien fumés, sont ceux où il fait le mieux.

D. Quel est son rendement?

R. Il donne, par hectare, de 14,000 à 15,000 kilog. de fourrage vert.

D. Qu'est-ce que la spergule?

R. C'est une plante annuelle qui se plaît particulièrement dans les sables siliceux frais et qui a le très grand avantage de n'occuper le sol que pendant deux mois.

D. Quels sont les soins de culture ?

R. On la sème après un labour superficiel, suivi d'un hersage, à raison de 16 à 20 hectol. par hectare ; il importe de la semer épais, parce qu'elle ne talle pas.

5*

D. Quels sont les avantages de sa culture ?

R. Elle permet de faire, après elle, une autre récolte, de maïs ou de sarrasin, par exemple ; de plus, elle constitue une bonne nourriture, et le lait des vaches qui en sont nourries a un arome tout particulier.

D. Quel en est le rendement ?

R. La spergule donne de trois à quatre coupes, dont le revenu est, à peu près, de 5,000 kilog. en fourrage vert, soit le tiers en fourrage sec.

D. Quelles sont les principales espèces de ray-grass ?

R. On distingue : 1° le ray-grass d'Angleterre cultivé, dans le midi de la France, sous le nom de *margal*, et spécialement destiné aux pâturages de l'espèce ovine ; 2° le ray-grass d'Italie plus propre à être séché ou consommé en vert.

D. Quel est le sol qui plaît le mieux au ray-grass d'Italie ?

R. Il demande un sol argilo-sablonneux, frais et bien ameubli.

D. Quand et comment l'ensemence-t-on ?

R. On l'ensemence au printemps, en l'associant au trèfle.

D. Pourquoi est-il bon de l'associer au trèfle ?

R. Celui-ci étant une plante améliorante, et le ray-grass une plante épuisante, le sol ne s'appauvrit pas. De plus, le raygrass empêche le trèfle de produire l'enflure du ventre dont nous avons déjà parlé.

D. Dans quelle proportion les jette-t-on ?

R. Dans la proportion de 30 kilog. de graine de ray-grass pour 10 kilog. de graine de trèfle.

D. Dans quel moment a lieu le fanage ?

R. Lorsqu'il est cultivé seul, il faut le couper avant que les épis aient atteint leur développement ; il constitue alors un fourrage tendre et fort recherché des animaux. Quand il est associé au trèfle et que l'on en veut faire du foin, il est utile de faucher dès que commence la floraison.

D. Comment distingue-t-on le ray-grass d'Italie ?

R. C'est qu'il est toujours barbu.

CHAPITRE XXIX.

DU BLÉ.

D. Quelles sont les conditions que doit réunir un sol pour que le blé réussisse ?

R. Ce sol doit avoir une certaine humidité et il doit être bien divisé.

D. Peut-on indiquer, d'une manière absolue, le sol qui lui convient le mieux ?

R. Non, car il faut nécessairement tenir compte du climat. Ainsi, dans un climat humide, les terres légères feront bien, tandis que les terres argileuses produiront de bons effets sous un climat sec. Néanmoins, les sols sablo-argileux sont les meilleurs et aussi ceux dont le travail est le plus facile.

D. Quelles sont les plantes après lesquelles il réussit ?

R. Le blé peut être cultivé après toutes les plantes, à l'exception, pourtant, du maïs et de la pomme de terre.

D. Quel est l'engrais qui doit être préféré dans la culture des céréales ?

R. C'est le fumier de nos étables, parce que la paille des céréales peut, seule, rendre au sol cet élément qui donne aux tiges leur rigidité et qu'on appelle silice.

D. Quel inconvénient y a-t-il à donner au sol des engrais très azotés, comme le guano et les déjections humaines ?

R. On doit craindre que le blé ne se développe trop et que la tige ne puisse pas supporter le poids des feuilles et du grain.

D. Quels sont en général les meilleurs blés ?

R. Ce sont les espèces non barbues.

D. Comment prépare-t-on le grain avant de le jeter ?

R. On lui fait subir une opération qui a pour but de prévenir la carie du blé.

D. En quoi consiste cette opération ?

R. On prend 5 kilog. de sulfate de soude sec qu'on fait dissoudre dans un hectolitre d'eau ; cela fait, on agite le liquide avec une pelle et on y plonge un hectolitre de blé. On a soin d'enlever les grains qui surnagent et que l'on peut donner aux animaux. Le reste, desséché avec soin, est employé aux semences.

D. Quelle est l'époque des semailles ?

R. Cette époque varie avec la nature des terres ; ainsi, une terre argileuse devra être ensemencée avant les pluies de l'automne, qui rendraient le sol trop compacte, ce qui compromettrait certainement la récolte ; dans les terres légères, au contraire, on doit attendre ces pluies, pour que la terre ait le degré d'humidité nécessaire. En général, dans nos contrées, les semailles ont lieu du 15 octobre au 15 novembre.

D. Quelle proportion par hectare ?

R. En moyenne, c'est deux hectolitres par hectare.

D. Comment se font-elles ?

R. Les semailles se font de deux manières : à la volée, ou bien en ligne, avec un appareil spécial qu'on nomme semoir.

D. Quel est le mode qui doit être préféré ?

R. En opérant à la volée, on perd un cinquième de la semence, qui ne lève pas ; cependant, ce mode mérite la préférence, parce qu'il faut beaucoup moins de temps qu'avec le semoir, et qu'à cette époque de l'année les moments sont bien précieux, en raison même des fréquentes variations atmosphériques.

D. La méthode au semoir n'a-t-elle pas d'autres inconvénients ?

R. Elle laisse aux plantes parasites une très grande facilité de se développer dans les intervalles qui séparent les lignes.

D. Qu'est-ce qui doit guider dans le choix de la semence ?

R. On doit se préoccuper uniquement du poids du grain ; car sa valeur dépend de la quantité d'amidon qu'il renferme. C'est une erreur de croire que le volume et la belle apparence du grain doivent décider du choix.

D. Faut-il renouveler souvent la semence ?

R. Le renouvellement de la semence n'est utile que lorsque le grain a dégénéré ou qu'il est très sale. Du reste, dans ces renouvellements, il est important de tenir compte du climat : ainsi le blé d'Odessa souffre de nos hivers froids.

D. A quelle profondeur doit être enfouie la semence ?

R. On ne doit jamais l'enfouir à plus de 8 centimètres, parce qu'elle ne germerait pas. Mais la profondeur devra être d'autant plus grande que le climat sera plus sec et la température plus chaude.

D. Quand le blé est semé, quels soins exige-t-il ?

R. Il faudra herser au printemps, parce que, en rendant la terre plus meuble, on facilitera à la plante le moyen de taller, de s'étendre ; après le hersage, viendra le sarclage, opération très utile que l'on doit pratiquer avec certitude d'être dédommagé des frais qu'elle comporte.

D. Le roulage du blé est-il toujours utile ?

R. Il l'est toujours, mais plus particulièrement dans les

sols légers où la terre a été soulevée par les gelées, de telle sorte que les racines sont mises à découvert. Cette opération se fait habituellement dans les derniers jours du mois de mars.

D. Dans quel moment doit-on moissonner ?

R. Généralement, on attend la complète maturité du grain pour faire la moisson ; mais cette pratique est mauvaise : il vaut mieux moissonner dès que le grain ne se laisse plus écraser sous la pression des doigts. Le grain y gagne en apparence et en qualités nutritives.

D. Quels soins réclame la gerbe ?

R. On doit la mettre à l'abri de la pluie et ne pas la laisser, non plus, exposée à l'action d'une sécheresse trop forte. En un mot, il faut que les épis récoltés avant la complète maturité puissent mûrir complètement.

D. Comment les gerbes sont-elles liées ?

R. On les serre ordinairement avec des liens composés de paille de seigle : mais il y a de sérieux avantages à employer les cordes spéciales qu'un grand nombre d'agriculteurs ont déjà adoptées.

D. Quel sont ces avantages ?

R. D'abord, il y a économie, puisque les cordes durent longtemps et qu'elles ne coûtent pas plus de 5 centimes pièce ; en second lieu, la gerbe se trouve plus solidement liée, et, enfin, on peut confier ce travail à tout ouvrier de la ferme, à un enfant même.

D. Quel est le rendement ?

R. Il est impossible de préciser le rendement du blé, parce que ce rendement varie avec la nature des sols et la qualité des blés ; toutefois, on estime qu'un hectare de terre fournit, en moyenne, de 20 à 22 hectolitres du poids de 76 à 78 kilog. l'hectolitre.

CHAPITRE XXX.

DE L'AVOINE. — DE L'ORGE.

D. Quelle est la terre qui convient à l'avoine ?

R. Il lui faut un sol assez humide ; elle ne réussit pas dans celui qui se dessèche facilement.

D. Combien de sortes d'avoine !

R. On en connaît deux espèces : l'avoine noire et l'avoine blanche. La première est beaucoup plus communément cultivée, parce qu'on la considère comme plus nutritive. Cependant l'avoine blanche ne doit pas être absolument rejetée ; car elle résiste beaucoup mieux à l'action du froid et à celle de la sécheresse.

D. Comment doit-elle être ensemencée ?

R. On doit la semer clair, parce qu'elle talle beaucoup ; cependant, on emploie, habituellement, près de trois hecto-litres par hectare, parce qu'il y a force grains qui ne peuvent pas germer.

D. Ne pourrait-on pas choisir les bonnes graines ?

R. Il faudrait, tout simplement, jeter l'avoine dans un baquet renfermant de l'eau ; les graines qui tomberaient au fond du vase seraient, seules, employées en semence ; les autres pourraient être données aux animaux.

D. Quels soins exige cette culture?

R. Le hersage et le sarclage produisent de très bons effets.

D. Quand doit-on couper l'avoine?

R. Il faut la couper avant la dernière maturité, sous peine d'en perdre une grande quantité ; car, lorsqu'elle est très mûre, elle s'égrène facilement.

D. Doit-on la renfermer immédiatement?

R. Il faut la tenir sur le sol quelques jours, de manière à lui laisser le temps de mûrir complètement.

D. Quel est son rendement?

R. L'avoine donne, en moyenne, de 35 à 45 hectolitres par hectare.

D. Quel est l'effet qu'elle produit dans l'alimentation du cheval ?

R. L'avoine n'est pas très nutritive ; mais elle renferme une huile qui excite cet animal et lui donne une plus grande vivacité.

D. La paille d'avoine est-elle un bon fourrage?

R. Cette paille est très nourrissante, propriété qu'elle doit à des matières grasses qu'elle renferme : aussi convient-il de l'appliquer, plus spécialement, à l'alimentation des vaches; car ces substances grasses contribueront à augmenter la quantité de lait.

D. Quels sont les sols qui se prêtent le mieux à la culture de l'orge?

R. Ce sont les sols calcaires, légers, chauds et bien ameublis. Les sols marécageux ne lui conviennent point.

D. Quels sont les principaux usages de cette graine.

R. L'orge a de nombreux usages. Ainsi, on s'en sert pour l'engraissement des animaux, on en fait un pain grossier, mais bon ; on l'emploie dans la fabrication de la bière, et, enfin, dans les pays chauds, elle remplace l'avoine dans l'alimentation des chevaux.

D. Le résidu qu'on obtient après la fabrication de la bière peut-il être utilisé ?

R. Il doit être donné aux animaux, car il est très azoté et, par conséquent, très nutritif.

D. Quel est le fumier qu'exige l'orge ?

R. Le fumier des bêtes à corne est celui qui vaut le mieux, et encore doit-il être consommé. Celui de chèvre et celui de mouton doivent être absolument proscrits, parce que l'orge, ainsi fumée, perd les propriétés qui la rendent propre à la fabrication de la bière.

D. Quand et comment la sème-t-on ?

R. On sème vers la fin d'avril, à raison de 2 et demi à 3 hectolitres par hectare, en ayant soin de l'enfouir assez profondément.

D. A quelle époque fait-on la récolte ?

R. L'orge doit être récoltée avant la complète maturité, parce qu'elle se brise facilement, et, autant que possible, lorsqu'elle est encore couverte de rosée ; mais il ne faut la rentrer que parfaitement sèche, parce qu'elle fermenterait en grange, ce qui nuirait essentiellement à ses propriétés.

D. Quel est le rendement ordinaire ?

R. On admet qu'elle fournit, en moyenne, de 20 à 40 hectolitres de grain et de 2000 à 2500 kilog. de paille par hectare.

CHAPITRE XXXI.

DU MAÏS ET DU MILLET.

D. Que présente de particulier la culture du maïs?

R. C'est une des plantes les plus épuisantes ; aussi doit-on éviter qu'elle précède ou qu'elle suive immédiatement une récolte de froment.

D. Quels sont ses usages ?

R. C'est une plante précieuse, en ce que toutes ses parties peuvent être utilisées : ainsi, le grain sert à la nourriture de l'homme et des animaux ; les sommets, coupés en temps opportun, constituent un excellent fourrage ; l'enveloppe de l'épi sert à faire des paillasses, et, enfin, les tiges peuvent être employées comme combustible.

D. Quelles sont les terres dans lesquelles le maïs fait le mieux ?

R. Ce sont les terres fortes, mais non humides, avec une exposition chaude. Il se fait aussi dans les terrains sablo-humifères, à la condition que des pluies fréquentes ou des irrigations viennent s'opposer aux effets de la sécheresse.

D. Comment le fume-t-on ?

R. On peut lui donner des fumiers récents et même le produit des vidanges.

D. Quand et comment le sème-t-on ?

R. On le sème après les gelées, par deux labours, dont l'un se fait en hiver et l'autre au printemps. On fait tout d'abord gonfler les grains, puis on les sème à 32 centim. de distance, sur des lignes espacées de 65 centim.

D. Quels sont les soins de culture?

R. Dès que le maïs a atteint une hauteur de 15 à 17 centimètres, on le butte et, dans la suite, on bine plusieurs fois.

D. Quand doit-on couper l'aigrette du maïs?

R. On ne doit la couper que lorsque la barbe de l'épi est brune et sèche, sous peine d'empêcher la fécondation des fleurs femelles et de favoriser l'avortement de la plupart des graines.

D. A quoi reconnaît-on la maturité des grains?

R. On est sûr que le maïs est mûr lorsque les feuilles sont sèches, que l'enveloppe se déchire et que le grain est dur.

D. Que doit-on faire après la récolte?

R. On doit favoriser la dessiccation des grains : pour cela, on suspend les épis ou bien on les étend sur un plancher.

D. La farine de maïs est-elle employée à la fabrication du pain?

R. Cette farine ne convient pas à la fabrication du pain, parce que la pâte qu'elle donne ne lève pas. Ceci tient à ce que le maïs renferme une huile qui empêche la fermentation.

D. Combien distingue-t-on d'espèces de millet?

R. On distingue le millet dont les graines sont en épi serré et celui dans lequel elles sont en grappes. Le second mûrit en cinq mois, le premier n'en met que trois. Ce dernier est le plus cultivé.

D. Quelle est la terre qui lui convient?

R. Ce sont, surtout, les terres légères et bien fumées. Il craint le froid et l'humidité, mais il résiste très bien à la sécheresse.

D. Craint-il les fumiers récents?

R. Loin de les craindre, il s'en accommode très bien.

D. Quelle précaution doit-on prendre pour sa récolte?

R. On doit procéder au battage immédiatement après la récolte, parce qu'il s'égrène aisément.

D. Quel est son rendement?

R. On compte habituellement de 25 à 30 hectolitres de graine et de 2,000 à 3,000 kilog. de paille par hectare.

CHAPITRE XXXII.

SEIGLE. — SARRASIN.

D. Quelles sont les terres auxquelles on donne le seigle?

R. Cette plante vient dans les pays froids et humides ; elle se contente d'une mauvaise terre, ce qui lui a fait donner le nom de *blé des terres pauvres*.

D. Que demande-t-il ?

R. Le seigle exige un fumier consommé et une terre bien ameublie.

D. Quand et comment le sème-t-on ?

R. On le sème à la fin de septembre ou au commencement d'octobre, et on le sème clair, parce qu'il talle beaucoup.

D. Dans quel moment le récolte-t-on ?

R. On ne doit le récolter que lorsqu'il est parvenu à maturité, parce qu'il ne gagne plus rien dès qu'il est abattu.

D. Quel est son rendement ?

R. On compte environ de 18 à 20 hectolitres par hectare et de 5,400 à 5,600 kilog. de paille. Il est de toutes les céréales celle qui donne le plus de paille.

D. Qu'est-ce qui rend le seigle précieux ?

R. C'est qu'il se laisse faucher et pâturer sans en souffrir beaucoup, et qu'il sert à faire des prairies artificielles.

D. Quels sont les pays où l'on doit plus particulièrement cultiver le sarrasin ?

R. Ce sont les pays dont le ciel est pluvieux et dont les
terres sont fraîches.

D. Cette culture est-elle avantageuse ?

R. Les avantages qu'elle présente sont importants : ainsi,
elle vient avec très peu de fumier et, elle-même, enterrée
en vert, constitue pour les terres une bonne fumure. En
outre, elle s'accommode des landes défrichées, et elle peut
précéder et suivre toute autre culture.

D. En général, quelles sont les terres que le sarrasin
préfère ?

R. Ce sont les terres légères, fraîches sans être humides.

D. Quels sont les engrais qui lui conviennent ?

R. Ce sont surtout les engrais minéraux en poudre, la
cendre, la chaux, par exemple ; quant aux engrais organiques, il ne lui en faut presque pas, par la raison qu'il puise
dans l'air ceux qui lui sont nécessaires.

D. Les grandes fumures n'auraient-elles pas un inconvénient ?

R. Elles donneraient beaucoup de paille et peu de grain.

D. Quels soins lui donne-t-on ?

R. Après le semis, on roule fortement.

D. Comment le sème-t-on ?

R. On le sème très clair ; 80 ou 90 litres suffisent par
hectare.

D. Quand le coupe-t-on ?

R. Lorsqu'on voit que la plus grande partie des grains
est mûre.

D. Quel est le rendement ?

R. Il est, en moyenne, de 14 à 18 hectolitres par hectare et 1,600 à 2,000 kilog. de paille.

D. A quoi sert le grain ?

R. Le grain est surtout bon pour l'engraissement de la volaille et l'alimentation du bétail ; on en fait aussi du pain qui est noir et mal levé.

D. La paille peut-elle servir à la nourriture des animaux ?

R. La paille de sarrasin ne doit pas être donnée aux animaux, car elle leur est nuisible ; elle l'est surtout aux moutons dont elle fait gonfler la tête.

CHAPITRE XXXIII.

HARICOTS. — POIS. — VESCES. — LENTILLES. — FÈVES.

D. Comment cultive-t-on les haricots ?

R. On les cultive seuls ou bien avec le maïs qui leur sert de rames.

D. Quel est le sol qu'ils demandent ?

R. Le meilleur est le sol sec, le sol sablo-argileux, au point de vue surtout de la qualité.

D. Quelle fumure leur donne-t-on ?

R. Ils veulent une fumure forte et récente.

D. Quels soins exigent-ils ?

R. Il faut leur donner une exposition abritée, les biner et les butter.

D. Quand les récolte-t-on ?

R. Lorsque les gousses jaunissent ; le rendement moyen est de 25 à 50 hectolitres par hectare.

D. Quelles sont les meilleures conditions du sol pour la culture des pois ?

R. Il faut une terre forte et fraîche, mais non humide.

D. La qualité du fumier est-elle indifférente ?

R. Les pois redoutent beaucoup le fumier frais qui les pousse en herbes ; aussi, vaut-il mieux ne les cultiver qu'en seconde récolte sur la fumure qui a été donnée à la première.

D. Comment se fait l'ensemencement ?

R. On laboure en automne et on sème dès les premiers

6

beaux jours. Cette opération doit être suivie du hersage et du roulage.

D. Quelle précaution prend-on dès qu'ils ont poussé ?

R. On les soutient au moyen de branches ou de fils de fer, parce que, s'ils touchaient le sol, ils pourriraient.

D. Quel est le rendement ?

R. Il varie entre 15 et 20 hectolitres par hectare.

D. Quel est le mode de culture des vesces ?

R. Il est le même absolument que celui des pois. Les vesces exigent des terres fortes.

D. Comment les fume-t-on ?

R. Avec du fumier consommé, si l'on veut faire grainer la plante, avec du fumier récent, si l'on doit l'utiliser en vert.

D. Quel est leur rendement ?

R. Il est un peu moindre que celui des pois.

D. Dans quel sol se plaisent les lentilles ?

R. Les lentilles, qui sont, pour l'homme, une nourriture saine et agréable, supportent très bien les sols sablonneux. Elles fournissent une abondante récolte lorsqu'elles sont semées dans un sol riche fumé avec du fumier récent.

D. A quelle époque sème-t-on les lentilles ?

R. On peut les semer en automne ; mais, le plus souvent, c'est au printemps.

D. Dans quel moment a lieu la récolte ?

R. On doit cueillir les lentilles dès que les gousses brunissent et les faucher le matin, à la rosée, pour éviter qu'elles s'égrènent.

D. Quel est le rendement ?

R. Elles donnent, en moyenne, de 15 à 20 hectolitres de grains et de 1,000 à 1,500 kilog. de bonne paille.

D. N'y a-t-il pas plusieurs espèces de fèves ?

R. Il y en a plusieurs espèces ; mais la fève commune, ou fève des marais, est celle qui est le plus cultivée dans nos pays.

D. Quel est le sol qu'il lui faut ?

R. Les terres fortes lui plaisent plus particulièrement.

D. Comment la cultive-t-on ?

R. On la sème, en lignes ou en touffes écartées de 50 centimètres, après les dernières gelées de l'hiver ; puis on herse et on roule fortement. Lorsque les pousses ont atteint 8 ou 10 centimètres, on bine et on butte légèrement le pied, opération qui doit être répétée plusieurs fois.

D. Quand doit-on les récolter ?

R. Lorsque les gousses prennent une teinte noire.

CHAPITRE XXXIV.

DES POMMES DE TERRE.

D. Combien distingue-t-on d'espèces de pommes de terre ?

R. On distingue les pommes de terre précoces et les pommes de terre tardives.

D. D'où la pomme de terre nous est-elle venue ?

R. Originaire des montagnes du Pérou, elle a été acclimatée en France par un agronome célèbre, nommé Parmentier.

D. Quels sont ses usages ?

R. Elle constitue une nourriture excellente pour l'homme et les animaux ; on la fait aussi fermenter pour en retirer l'alcool qu'elle contient ; seulement l'eau-de-vie qu'elle fournit est de qualité bien inférieure.

D. Quel sol lui faut-il ?

R. Un sol léger, riche et meuble.

D. Quelle différence y a-t-il entre les produits venus dans les terres sèches et ceux que donnent les sols humides ?

R. Les pommes de terre fournies par les sols légers ont la peau mince ; elles sont très-faciles à cuire et farineuses, tandis que celles des terres humides ont la peau épaisse, la chair visqueuse et qu'elles cuisent difficilement.

D. Quel est le fumier qui leur convient ?

R. Elles veulent un fumier consommé qu'on leur donne au printemps. Si l'on emploie le fumier récent, il faut le répandre en automne ; car le fumier frais les pousse en herbe et les rend aqueuses.

D. Comment l'obtient-on ?

R. En mettant en terre ses tubercules.

D. Le choix des tubercules est-il indifférent ?

R. On croit généralement que les pommes de terre se reproduisent tout aussi bien avec les petits tubercules qu'avec les gros ; mais c'est là une erreur dont il faut bien se garder. Car les petits tubercules n'ayant pas mûri ne peuvent donner que des produits faibles et imparfaits. Il importe donc de prendre les plus gros tubercules.

D. Comment les prépare-t-on ?

R. Après les avoir coupés, on laisse les tranches pendant vingt-quatre heures dans un endroit sec ; ces tranches se dessèchent et sont, par suite, moins exposées à pourrir sous terre. On les jette dès lors le plus tôt possible.

D. Comment les sème-t-on ?

R. On place les tubercules à 15 centimètres les uns des autres sur des lignes espacées de 55 à 60 centimètres.

D. Comment les cultive-t-on ?

R. Dès que les jeunes plantes ont 12 ou 15 centimètres de hauteur on les sarcle ; plus tard on les bine en relevant la terre tout autour de leurs pieds.

D. Quand se fait la récolte ?

R. Elle se fait généralement en octobre.

D. Quels soins prend-on pour les conserver ?

R. On doit éviter qu'elles germent et, pour cela, les monter au grenier après que les gelées sont passées.

D. Comment se manifeste la maladie des pommes de terre ?

R. L'invasion du mal s'annonce par le jaunissement des feuilles qui sont semées de points bruns et recouvertes d'un duvet blanchâtre.

D. A quoi a-t-on attribué cette maladie ?

R. On l'a attribuée au développement d'un végétal parasite microscopique dans le tubercule de la pomme de terre ; mais on croit plus généralement qu'elle provient d'une dégénérescence de l'espèce.

D. Quels sont les moyens à prendre pour la prévenir ?

R. Il faut rejeter le fumier de basse-cour qui semble la déterminer, et employer les cendres ; mais il est surtout important de varier les cultures sur un même sol et de cultiver les espèces hâtives.

D. Quel est le rendement ?

R. On compte que la pomme de terre donne de 200 à 260 hectolitres par hectare ; les fanes seraient un fourrage dangereux. On doit les laisser dans la terre qu'elles engraisseront.

CHAPITRE XXXV.

DE LA BETTERAVE. — DE LA RAVE. — DU COLZA.

D. Quelles sont les principales espèces de betteraves ?

R. On en distingue trois espèces : 1° la betterave *rouge* ou *champêtre*, remarquable par le volume de sa racine que l'homme mange et qui sert aussi à la nourriture des animaux ; 2° la betterave *blanche* ou *de Silésie*, dont la chair est claire et la peau blanche ; 3° la betterave *jaune* ou *de Castelnaudary*. Les deux dernières servent à l'extraction du sucre et aussi de l'alcool.

D. Quels sont les sols qui lui conviennent ?

R. La betterave vient dans presque tous les sols, mais elle préfère les terrains légers, profonds et riches en humus.

D. Quel est l'avantage que présente sa culture ?

R. C'est que dans les assolements elle remplace très-utilement la jachère.

D. Comment doit-on fumer les terres à betterave ?

R. On doit employer les fumiers végétaux ; car les fumiers animaux, surtout ceux de mouton et de cheval, sont très-nuisibles aux betteraves qu'on destine à la fabrication du sucre.

D. Quelles façons donne-t-on à la terre ?

R. On laboure avant l'hiver à grosses raies ; au printemps on herse, après quoi on porte le fumier qu'on enfouit par un léger labour ; enfin dans la première quinzaine d'avril on donne un dernier labour, c'est celui de semence. D'habitude on sème à la main.

D. Quand doit-on arracher ?

R. On arrache les betteraves dans le courant d'octobre quand les feuilles se couvrent de taches rouges. Et ce n'est que vers le 1er septembre que l'on doit couper les feuilles sous peine de diminuer la proportion du principe sucré.

D. Quel est le rendement ?

R. Celui des betteraves employées à la nourriture des animaux est de 45,000 kilogr. ; celui des betteraves qui servent à l'extraction du sucre de 25,000 kilog. par hectare.

D. Quel est le prix ordinaire de cette plante ?

R. Les premières se vendent de 10 à 12 fr. les 100 kilog., les autres de 16 à 20 fr.

D. Les feuilles ne peuvent-elles pas être données comme fourrage ?

R. On doit se bien garder de donner aux animaux ces feuilles fraîches, parce qu'elles purgeraient violemment ; mais on peut les leur donner après les avoir salées et fait fermenter avec de l'eau dans des cuves.

D. Quel est le climat que demandent les raves ?

R. Les raves veulent un ciel brumeux.

D. Dans quel sol se plaisent-elles ?

R. Dans un sol frais, meuble et profond.

D. Quels sont les usages de cette plante ?

R. Elle figure dans l'alimentation de l'homme et sert à l'engraissement des animaux. Toutefois, il faut éviter d'en donner aux vaches laitières : elle communiquerait à leur lait un goût détestable.

D. A quelle époque sème-t-on ?

R. On les sème en juin et juillet.

D. Quand a lieu la récolte ?

R. On arrache d'octobre en novembre.

D. Quel est le rendement ?

R. Il est estimé par hectare à 50,000 kilog. de racines.

D. Quelle terre faut-il au colza ?

R. Le colza veut une terre sèche, riche, profonde et fumée avec du fumier consommé.

D. Combien y en a-t-il d'espèces ?

R. Il y a l'espèce d'hiver et celle d'été ; la première est la plus cultivée, parce qu'elle donne beaucoup plus.

D. Comment le sème-t-on ?

R. On le sème ordinairement en pépinière, dans le mois de juillet.

D. Comment le cultive-t-on ?

R. On le repique en septembre à 50 ou 60 centimètres de profondeur ; plus tard on bine et on butte avec soin.

D. Dans quel moment le récolte-t on ?

R. On le fauche à la rosée pour éviter l'égrènement, dès que les gousses les plus élevées de la plante sont jaunes et que les graines sont noires.

D. Quel est son rendement ?

R. Il est de 45 à 50 hectolitres par hectare.

D. Quels sont ses usages ?

R. On cultive le colza plus spécialement pour l'huile qu'on en retire. Cette huile peut s'employer comme huile comestible, mais on s'en sert surtout pour l'éclairage ainsi que pour la préparation des cuirs et des laines.

D. Le tourteau obtenu par l'expression des graines peut-il être utilisé ?

R. Il sera très-avantageusement employé à l'engraisse-ment du bétail.

6*

CHAPITRE XXXVI.

DU LIN. — DU CHANVRE.

D. Quelles sont les conditions de bonne venue du lin ?

R. Le lin demande des pluies fréquentes, un sol frais, meuble et riche.

D. Dans quelle saison le sème-t-on ?

R. Le lin, dans nos contrées, se sème en septembre ou au printemps.

D. Comment le sème-t-on ?

R. On jette les graines vieilles de deux ans au moins, et on les répand d'autant plus épaisses que l'on veut obtenir de la filasse plus longue et plus fine. Si l'on veut récolter principalement de la graine, on sème plus clair.

D. Quel est le fumier qu'il lui faut ?

R. C'est le fumier consommé ; et encore faut-il éviter les fumures récentes sous peine de faire ramifier le lin et d'obtenir des tiges de nulle valeur au point de vue de la production du fil.

D. A quelle époque le récolte-t-on ?

R. On le récolte lorsqu'il est mûr, ce que l'on reconnaît à la couleur jaunâtre des tiges et des enveloppes de la graine, ainsi qu'à la chute d'une partie des feuilles.

D. A quoi sert la graine ?

R. La graine est employée en médecine comme adoucissant, comme émollient dans les maladies inflammatoires ;

dans la peinture, on utilise une huile grasse qu'on en exprime.

D. Quels sont les usages de la tige?

R. La tige fournit la filasse de laquelle on retire le fil.

D. Quelle préparation lui fait-on subir?

R. Après en avoir extrait la graine, il faut *rouir, teiller, peigner* et *blanchir.*

D. Quel est le but du rouissage?

R. Le rouissage a pour but de faire disparaître une matière résineuse qui maintient adhérentes les unes aux autres les fibres de la filasse.

D. Comment se pratique cette opération?

R. Il y a deux méthodes : le rouissage à la rosée et le rouissage à l'eau. La première méthode consiste à étaler les gerbes sur un pré et à les laisser exposées à l'action de la rosée, du soleil et de l'air pendant un temps qui varie entre 30 et 40 jours. La seconde méthode consiste à faire macérer les bottes de lin dans l'eau stagnante ou courante. Le temps pendant lequel on les laisse dans l'eau varie entre 7 et 15 jours, suivant que le rouissage se fait en août, en septembre ou en octobre.

D. Quel est le but du teillage?

R. Il a pour but de séparer la partie textile des matières qui l'accompagnent.

D. En quoi consiste-t-il?

R. Quand le lin est parfaitement sec, on le mâche à la main, ou mieux, entre les lames de bois dentées nommées broyoires.

D. Pourquoi peigner le lin?

R. Pour le débarrasser complètement de ses chênevottes. On le divise, par cette opération, en deux parties, l'une fine, qu'on appelle *brin*, l'autre, plus grossière et moins bonne, qui constitue l'*étoupe*.

D. En quoi consiste le blanchissage?

R. Il consiste en une série de lessivages et d'étendages qui se succèdent jusqu'à ce qu'on ait atteint le beau blanc. Il est bon d'employer les lessives chlorurées : on économise ainsi beaucoup de temps.

D. Que faut-il au chanvre pour réussir?

R. Il lui faut un ciel chaud, une terre fraîche, meuble et très-riche.

D. Quelles sont les fumures qui lui conviennent?

R. Ce sont les fumures fortes et plus particulièrement les vidanges.

D. Quand et comment le sème-t-on?

R. On le sème en mai parce qu'il redoute boucoup le froid, épais si on le destine aux toiles, clair si on veut l'employer aux cordes, et très-clair si on veut obtenir des graines.

D. Comment le récolte-t-on?

R. On arrache les pieds mâles dès que les fleurs prennent une teinte jaune, et les pieds femelles 4 à 5 semaines après, lorsque leurs feuilles sont au moment de tomber. On les étend pour les faire sécher; quand ils sont secs, on les secoue pour en retirer la graine ; puis, on coupe les racines, et, enfin, on rouit les tiges absolument comme celles du lin.

D. Quel est le rendement?

R. L'hectare donne, en moyenne, de 600 à 1,000 kilog. de filasse.

CHAPITRE XXXVII.

DU TABAC. — DU HOUBLON.

D. Combien connaît-on d'espèces de tabac?

R. On en connaît deux : le tabac à grosses feuilles, qui est le plus productif, et le tabac de Virginie, à feuilles étroites, qui est le meilleur.

D. Dans quelles conditions le tabac vient-il bien ?

R. Le tabac réussit dans un sol léger, meuble et engraissé avec du fumier consommé. Il lui faut également une exposition chaude, parce qu'il mûrit mieux et qu'il a plus d'arôme. Après avoir bien préparé la terre, on le sème en ayant soin de le recouvrir de menus débris de paille, parce qu'il craint beaucoup le froid.

D. Quels sont les soins de culture?

R. En mai ou juin, lorsque les tiges ont 4 à 6 feuilles et 8 ou 10 centimètres de hauteur, on le transplante ; plus tard, on bine jusqu'à trois fois, on laboure au moins une fois et on butte une ou deux.

D. Comment se fait la transplantation ?

R. Le matin, on arrose le semis pour que les racines se détachent aisément du sol ; dès que les pieds sont arrachés, on les dépose dans un panier recouvert d'un linge mouillé, en ayant soin de ne pas faire tomber la terre qui adhère aux racines. Dès que le panier est plein, on le recouvre à l'aide d'un autre linge mouillé et on l'envoie aux planteurs. Il est indispensable que la transplantation se fasse immédiatement après l'arrachage ; et, pour ne pas apporter le moindre retard, on prépare le sol à l'avance et l'on a un nombre suffisant d'ouvriers.

D. Lorsque le pied est introduit dans le trou de transplantation, n'y a-t-il pas quelque soin particulier à prendre?

R. Il faut mélanger des cendres non lessivées avec la terre dont on se sert pour chausser les plantes, et arroser avec de l'eau dans laquelle on a introduit un dixième d'urine.

D. Toutes les feuilles qui croissent sur la tige sont-elles bonnes?

R. Il y en a qui ne valent rien et qu'on doit enlever pour favoriser la pousse des autres; ce sont celles qui deviennent visqueuses, flasques et dont la pointe se courbe vers le sol.

D. A quelle époque se fait la récolte du tabac?

R. Elle a lieu vers la fin de septembre. On reconnaît que le moment est venu à la teinte jaunâtre que prennent les feuilles et à la forte odeur qu'elles exhalent.

D. Comment se fait-elle?

R. On commence par cueillir les feuilles du bas qui sont les premières mûres et dont la qualité est inférieure; on enlève ensuite les feuilles intermédiaires, et on réserve pour la dernière la cueillette des feuilles supérieures qui sont les plus estimées.

D. Dès que la récolte est terminée, n'y a-t-il pas un soin à prendre?

R. Il faut immédiatement couper les tiges près de terre, car elles pousseraient de nouveaux bourgeons et épuiseraient le sol inutilement. Ensuite, au moyen d'un labour, on ramène les racines à la surface de manière à les faire périr.

D. Que fait-on ensuite des feuilles cueillies?

R. On les réunit en paquets de 10 à 12 feuilles et on les laisse ainsi, trois ou quatre jours, perdre une partie de leur eau de végétation : alors on les enfile sur des ficelles ou sur des fils de fer disposés à cet effet dans le séchoir. L'air les dessèche rapidement, et, lorsqu'elles sont suffisamment sèches, on les livre au commerce.

D. Quel est le rendement?

R. On admet qu'un hectare de bonne terre donne, moyennement, de 1,500 à 2,000 kilog. de feuilles sèches.

D. Quels sont les usage du houblon?

R. Le houblon sert à arômatiser la bière, à lui donner son amertume : c'est aussi lui qui assure la conservation de ce liquide.

D. Quelle est la partie que l'on emploie?

R. Ce sont les cônes qui succèdent aux fleurs femelles.

D. N'y a-t-il pas plusieurs espèces de houblon?

R. Il y en a plusieurs espèces; mais la meilleure est la plus tardive, celle dont les sarments sont verts.

D. Quel est le sol qui lui convient?

R. On doit lui donner une terre profonde, riche, meuble et fraîche.

D. L'exposition est-elle indifférente?

R. Il lui faut une exposition chaude et abritée des vents froids.

D. Le houblon a-t-il besoin d'engrais?

R. Il en exige beaucoup; toutefois, on pourrait lui en donner moins qu'on ne lui en donne habituellement, à la condition d'arroser fréquemment la houblonnière.

D. Comment se font les plantations?

R. D'ordinaire, on plante verticalement; mais il vaut beaucoup mieux coucher les tiges à la façon des ceps de vigne, parce que ces tiges prenant racine par plusieurs points acquièrent plus de vigueur.

D. Quand doit-on cueillir les cônes du houblon?

R. On doit les cueillir par un temps sec et chaud, et en l'absence de toute trace de pluie ou de rosée.

D. Comment les conserve-t-on?

R. On les dispose en tas dans un endroit obscur, sec et bien aéré; on les retourne deux fois par jour jusqu'à ce qu'on voie les queues devenir cassantes. On les abandonne alors jusqu'au moment où ils doivent être mis en paquets.

CHAPITRE XXXVIII.

DE LA VIGNE.

D. Quels sont les avantages que présente la culture de la vigne ?

R. Cette culture est avantageuse, en ce que la vigne brave la sécheresse et qu'elle vient dans les terres médiocres, pourvu qu'elle ait une bonne exposition ; cela tient à ce qu'elle se nourrit beaucoup aux dépens de l'air.

D. Quel est le sol qui lui convient le plus ?

R. Les terrains argileux sont ceux qui produisent le plus ; mais les meilleures qualités de vin sont fournies par les terrains calcaires, surtout quand ils sont exposés au midi.

D. Le choix des cépages est-il important (1) ?

R. Il est très utile de choisir les cépages, c'est-à-dire les espèces qui doivent constituer les vignobles. En effet, les uns donnent des produits aqueux, renfermant beaucoup de jus ; d'autres donnent des raisins riches en matière colorante ; quelques-uns produisent beaucoup de sucre, et par conséquent d'alcool, puisque le sucre se transforme en alcool ; il en est enfin, les muscats, par exemple, dans les fruits desquels domine le principe aromatique.

_____

(1) Des expériences faites dans le département du Gers établissent que le vin provenant de cépages importés du Bordelais est bien supérieur, toutes choses égales d'ailleurs, à celui que donnent les cépages ordinaires du pays.

D. Comment la vigne se multiplie-t-elle ?

R. Elle se multiplie par *provignage* et par *bouturage.*

D. Dans quels cas emploie-t-on le provignage et comment se pratique-t-il ?

R. Le provignage est employé lorsqu'on veut remplacer des ceps qui ont péri : pour cela, lors de la taille d'hiver, on réserve, sur le cep voisin de celui que l'on veut remplacer, un sarment de bonne venue. A l'issue de l'hiver, on creuse une fosse étroite de 25 centimètres et longue de 60 centimètres, dans laquelle on couche le sarment, qu'on retient au moyen de deux fourchettes en bois. Puis on comble la fosse, en laissant au-dehors seulement deux bons yeux du sarment provigné.

D. Quand emploie-t-on le bouturage ?

R. Lorsqu'on veut faire des plantations et multiplier la vigne en grand, on adopte les *boutures simples* ou les *crossettes.* Les boutures sont des sarments provenant des années précédentes : on les met en pépinière où elles poussent des racines et, à la fin de la seconde ou de la troisième année, on les plante : quelquefois, cependant, on fait les boutures en place immédiatement. Les crossettes sont des boutures qui portent à leur base un peu de bois de l'année précédente, contourné en forme de crosse.

D. Est-il bon de choisir les boutures ?

R. Il importe de les prendre sur des ceps vigoureux, de les choisir grosses et présentant entre leurs nœuds des intervalles assez longs.

D. Leur laisse-t-on toute la longueur ?

R. On coupe la partie supérieure, qui n'est pas ligneuse.

D. Quelle préparation préliminaire exige le sol ?

R. Il doit être défoncé profondément, bien ameubli et soigneusement épierré.

D. Comment se fait la plantation des boutures ?

R. Il y a deux procédés : le premier consiste à pratiquer,

avec la taravelle, un trou, dans lequel on introduit la bou-
ture. La seconde consiste à creuser des fossés dans lesquels
on couche les sarments, dont on ne laisse au-dehors que
deux yeux. Cette méthode vaut mieux, parce que les racines, naissant exclusivement des nœuds, poussent à la fois
sur plusieurs points et assurent à la plante une plus grande
vigueur.

D. A quelle distance les pieds doivent-ils être les uns des
autres?

R. Il est indispensable que les pieds soient disposés de
telle sorte qu'ils puissent prospérer et que le travail de la
vigne soit facile. Dans les bonnes terres, bien exposées, les
ceps sont placés à 65 centimètres les uns des autres, sur
des lignes espacées de 1 mètre 25 centimètres.

D. Quels soins exige le maintien d'un vignoble?

R. On donne ordinairement un labour, un binage et un
terçage, opérations qui ont pour but de détruire l'herbe qui
croît aux dépens des souches.

D. Comment le fume-t-on?

R. Le fumier frais doit être proscrit ; celui de mouton et
celui de cheval ne doivent pas être employés non plus, parce
qu'ils poussent trop la vigne en bois. Ils lui font produire
beaucoup, il est vrai, mais les fruits sont aqueux et de
mauvaise qualité. Les fumiers végétaux sont, de tous, les
meilleurs.

D. La vigne n'est-elle pas sujette à diverses maladies?

R. Elle est sujette à plusieurs, mais les principales sont
la coulure et l'oïdium. On dit qu'il y a coulure, lorsque les
fleurs ne sont pas remplacées par des fruits : cela tient à ce
que le froid a empêché la fécondation, ou bien à ce que
l'excès de vigueur dans la végétation fait produire des sarments d'une longueur démesurée. Dans le premier cas, il
est impossible de prévenir le mal ; dans le second, on y
remédie par le *pincement* et *l'ébourgeonnement*.

D. En quoi consistent ces deux opérations?

R. Le pincement se pratique en écrasant entre les doigts

une certaine longueur de la pousse ; il a pour effet d'entraver l'aspiration de la sève et de diminuer, par suite, la vigueur désordonnée de cette pousse. L'ébourgeonnement consiste à supprimer les tiges, de façon à n'en laisser à chaque cep que trois ou quatre belles. Il se fait, suivant la vigueur des pousses, en avril ou en mai.

D. Comment se manifeste l'oïdium ?

R. Une efflorescence blanchâtre se produit sur les sarments, les feuilles et les grappes, jamais sur la souche ni sur les racines ; bientôt se montrent sur la feuille des taches noirâtres ou d'un jaune livide ; la feuille se crispe, se dessèche et tombe bientôt après. Pour ce qui est de la grappe, la partie extérieure des baies noircit rapidement ; la peau devient coriace et bientôt ne peut pas se distendre pour obéir au développement de la baie ; dès lors elle éclate et la baie ne tarde pas à se putréfier.

D. Comment peut-on combattre cette désastreuse maladie ?

R. On la combat très efficacement par le soufrage. Dès que paraissent les premiers symptômes du mal, on répand de la fleur de soufre sur les grappes et sur les feuilles de la vigne. Cette opération doit se faire de grand matin, avant le lever du soleil, et à trois reprises différentes, du 1er mai au 1er août. On se sert d'une boîte en ferblanc, contenant la fleur de soufre. Le fond de cette boîte est percé de trous, et au moyen d'une houppe en coton, on tamise le soufre sur une grande surface.

D. Ne peut-on pas préserver les vignobles de la fâcheuse action des gelées tardives ?

R. Les vignes étant d'autant plus accessibles au froid qu'il y a plus d'humidité dans le sol, il convient, tout d'abord, de dessécher le sol par le drainage ou par tout autre moyen ; en second lieu, il faut retarder, autant que possible, les labours de printemps, surtout si le temps est humide ; enfin, il faut adopter les cépages dont la végétation est tardive. On obtient ce dernier résultat en prenant les cépages au nord, toutes les fois que l'on veut faire une plantation.

CHAPITRE XXXIX.

TAILLE DE LA VIGNE.

D. La taille de la vigne est-elle une opération importante?

R. Elle est, sans contredit, de la plus grande importance ; car d'une bonne taille dépendent la récolte de l'année et la conservation du vignoble.

D. Est-elle indispensable à la production du raisin?

R. Oui, car le raisin ne pousse que sur le sarment de l'année, et le sarment qui en a donné n'en peut plus produire, quelle que soit la durée de son existence.

D. Par où se fait la pousse des sarments?

R. Par les *yeux* ou *bourres*, qui produisent à la fois le bois et le fruit.

D. Combien laisse-t-on d'yeux sur un sarment?

R. On en laisse un ou deux parce qu'alors la sève, concentrée sur ces deux yeux, les fait ouvrir en sarments forts, capables de produire beaucoup.

D. Qu'arrive-t-il lorsqu'on taille à plusieurs yeux le sarment d'une année?

R. Il arrive qu'on obtient un grand nombre de sarments, mais des sarments rabougris et improductifs.

D. Quel est le but de la taille annuelle?

R. C'est d'établir sur les ceps des tronçons de branches fortes et courtes, appelées *coursons*, d'où partent les sarments annuels.

D. Combien chaque cep peut-il porter de sarments sur les coursons?

R. Ce nombre dépend de la fertilité du sol et de la vigueur du plant; mais il faut n'en jamais laisser plus de deux ou trois et se bien persuader qu'en taillant sur plusieurs yeux on affaiblit la vigne, et qu'on n'obtient la quantité de vin qu'au détriment de la qualité.

D. A quelle époque a lieu la taille?

R. Il est des viticulteurs qui taillent dès le mois de novembre et de décembre, il en est d'autres qui attendent le mois de mars. Mais il y a avantage à tailler de bonne heure; en effet, si la taille est hâtive, dès que la sève se mettra en mouvement, elle sera dirigée sur les yeux conservés; si, au contraire, elle est tardive, la sève gorge tout d'abord les yeux situés à la partie supérieure du sarment, et, comme ces yeux doivent tomber, on apporte inévitablement un retard à l'époque de la maturité.

D. Peut-on préciser une méthode de taille?

R. Cette méthode variera avec le climat, l'exposition, la nature du terrain et celle du cépage. Ainsi, lorsqu'on aura une variété vigoureuse, il faudra la tailler long pour l'épuiser en bois et la contraindre à se mettre en fruits; au contraire, on taillera court une variété débile et productive, pour éviter qu'elle s'épuise.

D. Comment est produit le fruit de la vigne?

R. Il est produit par un bourgeon de l'année venu sur un sarment de l'année précédente et, comme les bourgeons fournis par le vieux bois sont toujours stériles, il faut les faire disparaître par la taille.

D. N'y a-t-il point de cas où ces bourgeons doivent être conservés?

R. On les conserve lorsqu'on veut rajeunir une vigne

trop chargée de bois : on profite alors de la propriété qu'ont ces bourgeons de donner, après qu'ils ont subi l'influence des chaleurs du mois d'août, des sarments susceptibles de porter des bourgeons productifs.

D. La taille n'admet-elle pas quelques règles générales?

R. On doit couper le sarment très net et veiller à ce que la surface de la coupe ne soit pas inclinée du côté du nord ou du nord-est, c'est-à-dire du côté d'où viennent habituellement les vents froids.

D. Qu'appelle-t-on courgets?

R. On donne ce nom à des sarments courbés en forme d'arc : ils produisent beaucoup. Aussi doit-on ne les laisser que sur des ceps vigoureux, et les supprimer à la taille suivante.

CHAPITRE XL.

DES VENDANGES.

D. En général, quand doivent se faire les vendanges ?

R. Elles doivent se faire lorsque le raisin est mûr ou qu'il n'a plus rien à gagner.

D. A quoi reconnaît-on qu'il est mûr ?

R. Lorsque la queue devient brune, que la peau des grains s'attendrit, que la pulpe est devenue juteuse et que l'eau qu'elle renferme est visqueuse et sucrée, on est sûr que le raisin a atteint sa maturité.

D. Quand n'a-t-il plus rien à gagner ?

R. Lorsque, par suite de gelées hâtives ou du refroidissement qu'amènent les pluies d'automne, il est survenu un commencement de pourriture qui irait toujours croissant.

D. Quel est l'inconvénient qu'il y a à vendanger trop tôt ?

R. C'est que les vins obtenus sont dépourvus de qualité et de couleur, qu'ils sont peu riches en alcool et que, par suite, ils ne conservent pas.

D. N'y a-t-il pas inconvénient aussi à dépasser le moment de la pleine maturité ?

R. Lorsque les raisins sont trop mûrs, le principe sucré s'y développe à l'excès et enlève au vin son agrément, en lui faisant perdre ce parfum connu sous le nom de *bouquet*.

D. N'y a-t-il pas de pays où l'on tire parti de cette dernière propriété ?

R. Dans le midi extrême, on laisse le raisin sur le cep

longtemps après sa maturité ; on ne le cueille que lorsqu'il est flétri et demi-desséché par le soleil. Les vins que l'on obtient sont des *vins de liqueur*.

D. Tous les raisins redoutent-ils l'excès de maturité ?

R. Les raisins blancs ne sont jamais trop mûrs; cela tient à ce qu'on ne doit jamais craindre chez eux l'excès du principe sucré.

D. N'y a-t-il pas d'autres conditions à rechercher pour faire de bonnes vendanges ?

R. Il faut, autant que possible, choisir un temps chaud, ne commencer l'opération que lorsque la rosée est tombée et prendre un nombre de vendangeurs suffisant pour que la récolte de la journée fasse une cuvée complète.

D. Cette dernière condition est-elle importante?

R. Elle est très importante en ce qu'elle assure à la fermentation une marche régulière et que la régularité de la fermentation est pour beaucoup dans la qualité du vin.

D. Dans les pays où se récoltent les vins renommés ne prend-on pas quelque autre précaution ?

R. On fait deux ou plusieurs triages, prenant toujours les raisins les plus mûrs et les foulant isolément. Quant au raisin pourri ou incomplètement mûr, on l'abandonne, ou bien on le fait cuver à part.

D. Le mélange des raisins rouges et des raisins blancs n'a-t-il pas quelque inconvénient, au point de vue de la qualité du vin ?

R. Ce mélange a un double inconvénient : d'abord, la fermentation du raisin blanc précédant toujours celle du raisin rouge, il y a nécessairement irrégularité dans la fermentation de la masse ; en second lieu, comme le raisin blanc est, par lui-même, naturellement acide, il doit nécessairement communiquer cette acidité au vin qu'il concourt à former.

CHAPITRE XLI.

FOULAGE. — CUVAGE. — DÉCUVAGE.

D. Qu'entend-on par foulage?

R. C'est une opération que l'on fait subir au raisin dès qu'il a été apporté à la maison et qui consiste à l'écraser à mesure qu'on doit le jeter dans la cuve.

D. Quel est le meilleur procédé de foulage ?

R. C'est le trépignement exécuté par plusieurs personnes qui écrasent les grains sous leurs pieds.

D. Un bon foulage est-il indispensable?

R. Le foulage doit être d'autant plus parfait que la température est moins élevée : ainsi, par un temps chaud, un foulage imparfait n'aurait pas d'inconvénient, parce que la rapidité de la fermentation y suppléerait.

D. Qu'est-ce que le cuvage ?

R. On donne ce nom au séjour de la vendange foulée dans la cuve, depuis le moment où elle y a été introduite jusqu'à celui où le moût (jus du raisin non fermenté) a été changé en vin.

D. Ne peut-on pas favoriser la marche régulière de la fermentation ?

R. Il faut, pour cela, maintenir dans le cellier une température douce ; aussi, le cellier doit-il être bien fermé, de manière à ce qu'il soit moins exposé au froid des nuits.

7

D. Que se passe-t-il pendant la fermentation ?

R. La majeure partie du sucre se convertit en alcool.

D. Combien de temps doit durer le cuvage ?

R. Ce temps varie avec la température ; en général, on estime que, par un temps chaud, la fermentation s'accomplit en cinq ou six jours, tandis que, si la température est froide, le cuvage devra se prolonger jusqu'à dix et douze jours.

D. Quel est l'inconvénient qui se rattache à une fermentation trop longue ?

R. C'est que, le contact du vin avec les râfles se prolongeant trop, celles-ci communiquent au vin un principe âcre qui est désagréable et qui détériore les vins, surtout ceux qui ont naturellement peu d'alcool.

D. Comment s'explique l'acidité résultant, pour le vin, d'une fermentation trop prolongée ?

R. Durant la fermentation, il se produit, au sein de la masse, des mouvements qui ont pour résultat d'amener à la surface toutes les parties solides. Ces parties constituent ce qu'on appelle le *chapeau.* Au contact de l'air, le chapeau devient acide, et cette acidité bientôt se communique à la partie liquide.

D. Ne peut-on pas, partiellement du moins, prévenir ce résultat, toujours fâcheux ?

R. On le peut en empêchant le contact de l'air avec le chapeau : pour cela, il faut ne faire arriver la vendange dans la cuve qu'à 35 ou 40 centimètres au-dessous du bord. L'acide carbonique, qui se dégage pendant la fermentation, étant plus lourd que l'air, occupera alors l'espace compris au-dessus du chapeau.

D. Cette précaution n'a-t-elle pas d'autres avantages ?

R. Elle en a un autre très important : c'est que l'acide carbonique, accumulé à la partie supérieure de la cuve, s'oppose à l'évaporation de l'alcool.

D. A quoi reconnaît-on que le vin a terminé sa fermentation alcoolique et qu'il doit être décuvé ?

R. Le vin doit être décuvé et soutiré dès que la fermentation tumultueuse est terminée ; il tend alors à perdre sa saveur sucrée et il a la couleur qu'il est appelé à prendre.

D. Comment pratique-t-on le décuvage ?

R. On adapte à la partie inférieure de la cuve un gros robinet auquel on fixe un conduit en cuir ou en toile imperméable, qui déverse le vin dans les fûts sans lui laisser subir l'action, toujours fâcheuse, de l'air.

D. Cette opération ne comporte-t-elle pas une précaution importante ?

R. Il est de toute utilité de ne pas remplir complètement les fûts, parce que le vin, y subissant une nouvelle fermentation, augmente de volume et qu'il risquerait, dès-lors, de faire ouvrir le fût et de se répandre au dehors.

CHAPITRE XLII.

DES DIVERSES ESPÈCES DE VIN. — DE LEUR CONSERVATION.

D. Combien distingue-t-on d'espèces de vin?

R. On en reconnaît, d'après la couleur, trois espèces, qui sont : les vins rouges, les vins rosés et les vins blancs.

D. Les vins rosés ne réclament-ils pas certains procédés particuliers de fabrication?

R. Les vins rosés doivent avoir un cuvage très court : ce temps varie avec la température ; mais il ne dépasse jamais trente à quarante heures, après quoi les raisins sont portés au pressoir.

D. N'y a-t-il pas quelque autre précaution préliminaire?

R. Il faut mettre le plus grand soin à choisir les raisins et les prendre, autant que possible, dans les lieux les mieux exposés.

D. La manutention de ces vins diffère-t-elle ensuite de celle des vins rouges?

R. Elle n'en diffère en rien : toutefois, les vins rosés ayant une fermentation plus prolongée, exigent une surveillance plus assidue.

D. Comment cueille-t-on les raisins destinés au vin blanc?

R. Il importe qu'ils soient le plus mûrs possible? Les raisins de couleur peuvent être employés tout aussi bien que les raisins blancs.

D. Le moment des vendanges est-il indifférent?

R. Si l'on a principalement en vue la qualité du vin, il faut ne commencer les vendanges qu'après la chute de la rosée et les faire par un temps chaud ; cependant, cette précaution n'est pas aussi importante qu'elle l'est pour le vin rouge. Au surplus, si l'on voulait obtenir du vin complètement incolore, il faudrait cueillir le raisin alors qu'il est encore couvert de rosée.

D. Comment le fabrique-t-on?

R. On transporte les raisins au pressoir, en ayant soin de ne pas les exposer au soleil et de ne pas les écraser ; on les pressure ensuite avant toute fermentation, car il est indispensable d'éviter le contact du jus avec la matière colorante fournie par les pellicules. Le moût est enfin déversé dans les futailles, où il passe par tous les degrés de la fermentation.

D. Que faut-il pour assurer la conservation des vins?

R. Il faut les loger dans des caves profondes, exposées au nord ou au levant, où l'on puisse, à l'aide de petites ouvertures, établir un courant d'air frais, et où le vin soit complètement à l'abri d'ébranlements qui auraient pour effet de faire remonter la lie dans le vin et d'y déterminer une fermentation toujours fâcheuse.

D. Sont-ce là tous les soins que réclame la bonne tenue d'une cave?

R. Il faut encore un peu de lumière pour éviter la moisissure extérieure des fûts et la pourriture des cercles ; la température doit y être constamment a peu près la même : aussi est-il utile de fermer les ouvertures au moment des froids intenses et des fortes chaleurs. On doit enfin tenir la cave dans un très grand état de propreté.

D. Est-il bon de faire cuver le raisin dans une cave où se trouve du vin des années précédentes?

R. C'est une fort mauvaise pratique ; car cette fermentation ne peut qu'être très nuisible au vin déjà fait.

D. Quand le vin est dans les fûts, quels soins exige-t-il?

R. Les fûts doivent être maintenus constamment pleins et hermétiquement fermés. Le vin sera dégusté de temps en temps, et il sera soutiré au moins deux fois par an.

D. Quel est le but du soutirage?

R. Il est destiné à débarrasser le vin de la lie ; cette lie tombe bien d'elle-même au fond des tonneaux, mais elle pourrait, sous l'influence de certaines circonstances, remonter la masse liquide et y provoquer une fermentation qui ne manquerait pas de compromettre la qualité du vin.

D. Peut-on préciser les époques où il convient de soutirer ?

R. Cette opération peut se faire à toute époque de l'année autre que celle où la sève est en mouvement, c'est-à-dire en mai et en août, et aussi celles où a lieu la floraison du raisin et où sa maturité s'accomplit.

D. N'est-il pas des conditions atmosphériques qu'il faut aussi éviter?

R. On doit s'abstenir de procéder au soutirage par un temps humide et surtout orageux, et aussi quand le vent souffle du sud, parce que ces diverses circonstances peuvent, en provoquant une fermentation, déterminer l'altération du vin.

CHAPITRE XLIII.

ARBRES FRUITIERS EN GÉNÉRAL.

D. Comment se fait l'élevage des arbres fruitiers?

R. Les arbres fruitiers sont élevés en pépinière.

D. Quels soins réclame l'établissement de la pépinière?

R. Le lieu sur lequel seront jetés les semis doit être, longtemps à l'avance, défoncé à la bêche et bien fumé. Il faut y faire une récolte ou deux de légumes, pour que les jeunes tiges ne trouvent pas de fumier frais.

D. Comment sème-t-on les pépins?

R. A la volée, absolument comme le froment, en ayant soin de prendre les pépins intacts des fruits arrivés à complète maturité.

D. A quelle époque ces jeunes arbres sont-ils transplantés?

R. A la fin de la première année ; on les arrache et on les transplante immédiatement après la chute des feuilles, à 50 ou 60 centimètres les uns des autres, en tous sens.

D. Ne peut-on pas favoriser leur développement?

R. Pour cela, il faut tout simplement supprimer les tiges rabougries et enlever la racine principale, pour forcer le jeune arbre à multiplier ses racines latérales.

D. Tous les arbres fruitiers viennent-ils par semis?

R. Il y en a qui croissent tout naturellement dans nos forêts : on les appelle *sauvageons*, pour les distinguer des autres qu'on appelle *égrains*.

D. Les sauvageons sont-ils importés et cultivés tels quels dans nos vergers?

R. Non, on greffe sur eux une branche ou un bourgeon d'espèce cultivée.

D. Quelles sont les conditions de réussite d'une greffe?

R. 1° Il faut mettre les surfaces de contact à l'abri de l'air; 2° il faut que le liber de la greffe soit en contact avec le liber du sujet; 3° les deux sujets doivent être de même espèce; le grain de leur bois doit être identique, et l'époque du mouvement de la sève doit être la même.

D. N'y a-t-il pas quelques autres conditions à observer?

R. Il faut choisir un temps calme et humide, et ne pas appliquer trop chaud le mélange de résine, suif et huile dont on recouvre la greffe, parce qu'on s'exposerait à la dessécher.

D. Quelle est la meilleure époque pour greffer?

R. On doit greffer au mois de mars et, autant que possible, lorsque soufflent les vents du sud ou de l'ouest.

D. Tous les arbres peuvent-ils se greffer?

R. L'amandier ne se greffe pas.

D. Quel est l'avantage de la greffe?

R. C'est de permettre l'amélioration des espèces : dans ce but, on greffe tous les jeunes sujets, même quand les noyaux semés appartiennent aux meilleures espèces.

D. Comment se pratique la plantation des arbres fruitiers?

R. S'il s'agit de ces grands arbres de vergers, on les plante dans des trous dont la profondeur soit moindre que la largeur : on donne habituellement 60 centimètres de profondeur pour 2 mètres de côté. Ces trous doivent être faits vers le mois de septembre, pour que la terre soulevée ait le temps de se bonifier au contact de l'air.

D. N'y a-t-il pas des cas où les trous doivent être plus profonds ?

R. C'est lorsque le sous sol est imperméable.

D. A quelle distance les uns des autres ?

R. A une distance suffisante pour que les branches ne se touchent pas.

D. Est-il nécessaire de les tailler ?

R. Ces arbres n'ont pas besoin d'être taillés ; il faut seulement les élaguer de temps à autre, c'est-à-dire enlever les branches inutiles.

D. Ces grands arbres exigent-ils certains soins de culture ?

R. Il faut, tous les deux ans au moins, soulever la terre qui se trouve à la base de leur tige. On retourne les mottes tout simplement et on les laisse ainsi durant l'hiver. Cette opération a pour effet de détruire les insectes qui, en prévision du froid, se sont enterrés au pied de l'arbre.

D. Quel est le sol qui convient, en général, aux arbres fruitiers ?

R. Ils exigent un terrain profond et chaud, quoique frais.

D. L'exposition est-elle indifférente ?

R. L'exposition exerce une très grande influence sur les arbres fruitiers, au double point de vue de la quantité et de la qualité des fruits. Ainsi, les arbres exposés au midi donneront des fruits plus agréables à l'œil et au goût, mais en quantité moindre que ceux qui auront une autre exposition.

7*

D. Sous quelque forme que soient les arbres fruitiers, doit-on exiger d'eux une quantité excessive de fruits?

R. Non, car on n'obtient le fruit en quantité considérable qu'au détriment de l'arbre; et, lorsque celui-ci est très chargé, il faut savoir sacrifier quelques fruits pour le conserver.

D. Quelle est la grande division des arbres fruitiers?

R. On les distingue en arbres à fruits à pépins et en arbres à fruits à noyau. Le pommier, le poirier et la vigne appartiennent à la première catégorie; le cerisier, le prunier, l'abricotier et le pêcher sont dans la seconde.

CHAPITRE XLIV.

DU POMMIER. — DU POIRIER.

D. Quelles sont les conditions de bonne venue du pommier ?

R. Le pommier veut une terre un peu humide, tenant le milieu entre les terres argileuses et les terres légères, avec un climat tempéré et même pluvieux. Il redoute beaucoup une terre très argileuse.

D. Comment se multiplie cet arbre ?

R. On sème les pépins de pommes de bonne espèce arrivées à leur maturité et l'on obtient ainsi des *égrains* que l'on greffe à haute tige et qui sont susceptibles de produire des sujets vigoureux.

D. Comment plante-t-on les pommiers de plein vent ?

R. Dans les terres médiocres, on les espace de 9 à 10 mètres ; dans les bonnes terres, de 12 à 15.

D. Comment les taille-t-on ?

R. Les règles d'après lesquelles se fait la taille du pommier sont les mêmes que celles qui régissent la taille du poirier ; cependant, les pommiers doivent, en général, être taillés court, les pommiers nains surtout, dont les pousses deviennent rarement très longues.

D. Quels soins d'entretien exige le pommier ?

R. Il est indispensable d'ouvrir tous les ans la terre qui est au pied de sa tige.

D. Lorsque les fruits sont destinés à la fabrication du cidre, quelle attention faut-il apporter au choix des arbres ?

R. Il faut veiller à ce qu'il y ait un mélange de pommes à fruits doux et à fruits acides ou amers, parce que ce mélange importe beaucoup à la qualité du cidre.

D. Le bois de pommier a-t-il quelque usage ?

R. Il est très employé aux travaux de menuiserie et d'ébénisterie ; il est moins dur que celui de poirier.

D. Quels sont les terrains où prospère le poirier ?

R. Il se plaît dans tous les terrains, à l'exception pourtant de ceux qui sont trop calcaires.

D. Comment se reproduit-il ?

R. Le plus souvent, c'est par la greffe ; on le peut bien aussi par des semis, mais c'est une méthode rarement appliquée, parce que les arbres ainsi venus ne donnent de fruits qu'après 12 ou 14 ans.

D. Comment se pratique sa taille ?

R. Les arbres qui donnent abondamment doivent être taillés court ; pour ceux qui produisent peu, la taille sera longue. Dans tous les cas, on ne devra jamais perdre de vue que le bouton à fruit se développe exclusivement sur le bois de deux ans.

D. Quelles sont les formes les plus adoptées aujourd'hui pour le poirier ?

R. Il y a : 1° la forme en espalier, c'est-à-dire en éventail ou en palmette ; 2° la disposition en cordon oblique. Qu'on adopte l'une ou l'autre, il faut remuer le sol tous les ans, puis sarcler et biner avec soin.

D. Le mode de plantation des tiges est-il le même dans les deux cas ?

D. Lorsqu'on plante en espalier, on doit placer les tiges à six mètres au moins les unes des autres ; lorsqu'on adopte les cordons obliques, on les espace de 40 centim. Dans ce dernier cas, les arbres ne donnent qu'une seule branche qui ne porte absolument que des rameaux à fruit.

D. Peut-on fumer la terre à poirier ?

R. On peut très bien lui donner du fumier consommé ; seulement, il faut l'enfouir par un labour très superficiel, pour ne pas endommager les racines de l'arbre.

D. Le bois de poirier est-il employé dans les arts ?

R. C'est un bois très dur et susceptible d'un beau poli. On s'en sert fréquemment pour la sculpture sur bois.

CHAPITRE XLV.

CERISIER. — PRUNIER. — ABRICOTIER. — PÊCHER.

D. Quel terrain doit-on choisir pour la plantation du cerisier ?

R. Le cerisier est un des arbres les moins difficiles à l'endroit du terrain ; car il vient dans les sols les plus stériles, à la condition pourtant qu'ils ne soient pas trop humides et trop argileux.

D. Toutes les espèces de cerisiers sont-elles également bonnes ?

R. Il y a les cerisiers communs, qui ont l'inconvénient d'occuper beaucoup d'espace et de ne donner que très tard du fruit de bonne qualité. Aussi, leur préfère-t-on les ceri·siers anglais, qui peuvent être plantés en espalier et qui, dans tous les cas, n'ont aucun des inconvénients du cerisier ordinaire.

D. La culture du cerisier demande-t-elle des soins spéciaux ?

R. Le cerisier se reproduit par la greffe et ne réclame aucun soin particulier. Il faut simplement enlever le bois mort et, lorsqu'on veut le rajeunir, couper les grosses branches près du tronc.

D. Le cerisier transplanté donne-t-il bientôt des fruits ?

R. Lorsqu'il a plusieurs années de greffe, il peut porter fruit la première année ; mais les fruits qu'il donne dans la première, et même dans la seconde année, sont toujours de mauvaise qualité.

D. Son bois est-il employé dans les arts ?

R. Les ébénistes en font un très grand usage pour la confection des meubles.

D. Quel sol convient-il de donner au prunier ?

R. Le prunier s'accommode de tous les sols, pourvu qu'ils ne soient pas marécageux ou exclusivement composés de sable siliceux.

D. Quelle particularité présente la taille du prunier ?

R. Lorsqu'on taille un prunier (car on peut se dispenser de le faire), il faut tailler de manière à laisser le plus possible de bois de deux ans, parce que celui-là seulement produit des yeux à fruit.

D. Cet arbre est-il toujours planté en plein vent ?

R. On le plante aussi quelquefois en espalier, en lui donnant la forme en éventail ; il devient généralement alors très productif.

D. Comment se multiplie l'abricotier ?

R. Il se multiplie par semis et plus souvent par greffe. Si le sol est argileux et peu profond, on greffe sur prunier ; dans un terrain sablonneux et profond, on greffe sur amandier.

D. A quelle époque le plante-t-on et dans quel sol ?

R. L'abricotier provenant d'un semis sera planté en octobre et, autant que possible, dans une terre calcaire.

D. Quelle forme lui donne-t-on ?

R. On le plante en plein vent ou en espalier ; mais la première méthode est préférable, au point de vue de la qualité des fruits.

D. Comment le conduit-on?

R. Si on adopte l'espalier, on lui donne la forme en éventail; si on le laisse en plein vent, on l'établit sur trois ou quatre branches auxquelles on donne une direction qui assure à l'arbre une forme régulière, et l'on ne taille que pour enlever le bois mort.

D. Quelles sont les conditions dans lesquelles les pêchers réussissent?

R. Les pêchers·, qui se multiplient par semis et par greffe, veulent un sol calcaire et redoutent l'exposition au nord.

D. Comment greffe-t-on?

R. Rarement le pêcher est greffé sur lui-même : il vaut mieux greffer sur amandier ou sur prunier.

D. A quelle époque transplante-t-on?

R. L'hiver est le moment où l'on transplante les pêchers : il faut, durant cette opération, éviter, avec le plus grand soin, de blesser les racines.

D. Comment se cultive-t-il?

R. Le plus souvent, on lui donne la forme en espalier : dans ce cas, il faut tailler après les gelées, en ayant soin de laisser toujours à côté du bouton à fruit un bouton à bois qui fournisse au premier les sucs nécessaires. Le pêcher en plein vent ne réclame aucun soin de culture.

D. Peut-on distinguer le bouton à fruit du bouton à bois?

R. Il est très facile de le distinguer : les boutons à fruit sont arrondis et beaucoup plus volumineux que les autres, qui sont pointus.

D. Dans quelles conditions doit-on fumer les arbres dont les fruits sont à noyaux ?

R. Il faut ne leur donner jamais de fumier frais, car il développerait infailliblement, sur le prunier, le cerisier et l'abricotier, la maladie *de la gomme*, et, sur le pêcher, la maladie *du rouge*.

CHAPITRE XLVI.

HABITATION DES ANIMAUX.

D. Le logement des animaux doit-il être surveillé par le cultivateur?

R. Il réclame des soins tout particuliers, car de la manière dont il est tenu dépend la santé des animaux.

D. Quel nom lui donne-t-on?

R. On l'appelle bouverie, écurie, bergerie ou porcherie, selon qu'il est destiné aux bœufs, aux chevaux, aux moutons ou aux porcs.

D. Sur quoi portent les principales conditions de salubrité d'une étable?

R. Elles ont trait à la propreté, à l'espace et au renouvellement d'air.

D. Comment assure-t-on sa propreté?

R. Il faut, pour cela, établir un pavé qui permette de bien balayer et qui soit disposé de façon à permettre le facile écoulement de l'urine; en second lieu, il faut retirer souvent le fumier, et éviter que les murs présentent des fentes où puissent se loger des rats, des souris, etc.; enfin, il faut blanchir l'écurie à la chaux de temps en temps, et, en cas d'épidémie, la désinfecter avec de l'eau chlorurée.

D. Le séjour longtemps prolongé du fumier sous les pieds des animaux n'a-t-il pas de sérieux inconvénients?

R. Il en peut avoir de très grands : ainsi, il peut développer sur les membres des animaux des maladies de nature inflammatoire.

D. Comment s'y prend-on pour aérer l'étable?

R. On multiplie suffisamment le nombre des ouvertures.

D. La disposition des ouvertures est-elle indifférente?

R. Les ouvertures doivent être pratiquées à l'exposition du levant, à moins qu'il n'y ait de ce côté quelque marais ou quelque lieu élevé; dans ce cas, on les placerait au nord ou au midi, mais jamais au couchant.

D. Leur disposition n'exige-t-elle pas quelque autre soin?

R. Il est indispensable qu'elles ne soient jamais placées en face de l'animal et qu'elles puissent, à volonté, s'ouvrir et se fermer.

D. Leur nombre peut-il être précisé?

R. Il doit être en rapport avec le nombre des animaux logés.

D. Quelles sont les dimensions que l'on doit adopter pour une écurie.

R. Une écurie doit avoir de 3 mètres 50 à 4 mètres de hauteur; chaque cheval doit disposer d'une largeur de 1 mètre 45 à 1 mètre 55; on doit laisser derrière chacun de ces animaux un espace de 1 mètre 50 pour le passage.

D. La bouverie exige-t-elle des soins spéciaux?

R. Tout ce qui a été dit pour les étables, en général, s'applique aux bouveries. En outre, on doit éviter qu'une lumière trop vive arrive dans ces dernières.

D. Quelles sont les dimensions ?

R. Un bœuf ordinaire doit avoir 1 mètre 50 d'espace en largeur, une vache 1 mètre 80 ; en profondeur, on laissera de 6 à 8 mètres et, en hauteur, de 3 à 4 mètres, suivant le nombre d'animaux.

D. Les bergeries présentent-elles quelque chose de particulier ?

R. Plus spécialement que pour tout autre animal, on doit prendre des soins destinés à préserver les moutons de l'humidité, car l'espèce ovine la redoute beaucoup.

D. Les soins de propreté ne sont-ils pas spécialement nécessaires ?

R. Il est indispensable d'enlever le fumier en été tous les huit jours, en hiver tous les quinze jours, parce que son contact, celui de l'urine surtout, détériorerait les toisons et finirait par les pourrir. De plus, les auges et les râteliers doivent être souvent nettoyés et les murs doivent être passés à la chaux tous les deux ans.

D. Les porcheries demandent-elles des soins de propreté ?

R. Oui certainement, et il ne faut pas croire qu'il soit indifférent de tenir les porcs dans un lieu sale ou dans un lieu propre.

CHAPITRE XLVII.

DE L'ALIMENTATION DU CHEVAL.

D. De quoi se compose la nourriture habituelle d'un cheval ?

R. Elle se compose de foin, d'avoine et de paille.

D. N'y a-t-il pas d'autres substances que le cheval peut manger ?

R. On lui donne encore, suivant les pays, de l'orge, des carottes, du maïs et des fèves.

D. Quel est l'effet du foin ?

R. Le foin est mangé avec plaisir par les chevaux qu'il nourrit très bien ; seulement, il leur fait prendre du ventre et, pour cette raison, il est donné en petite quantité aux chevaux de luxe.

D. Quel est l'effet de l'avoine ?

R. Elle donne de la vivacité, de l'énergie et doit être surtout employée dans les pays froids et tempérés. En Angleterre, on la remplace par les fèves ; en Hongrie, par le maïs.

D. Quel est l'effet de l'orge ?

R. L'orge nourrit et rafraîchit tout à la fois. Elle remplace très avantageusement l'avoine dans les pays chauds.

D. Les carottes ont-elles quelque valeur alimentaire?

R. Les carottes constituent un excellent aliment pour le cheval. On estime que 5 kilogrammes de carottes équivalent à 1 kilogramme de bon foin. Elles ont le privilége de donner aux chevaux qui en mangent un poil lisse et brillant et d'une belle apparence.

D. Les pommes de terre peuvent-elles entrer dans le régime alimentaire des chevaux?

R. La pomme de terre ne vaut absolument rien pour la nourriture de ces animaux qu'elle affaiblit et amollit.

D. Comment doit-on choisir le foin?

R. On doit veiller à ce qu'il ait sa couleur verte et son odeur particulière, parce qu'alors seulement il est nourrissant. De plus, le foin ne doit pas avoir plus d'un an, parce qu'à la longue il perd de son poids et de ses propriétés nutritives.

D. Comment se donne la paille?

R. On la donne longue le plus souvent, bien qu'il fût bon de hacher celle de froment et celle de seigle.

D. Quels sont les avantages du régime vert?

R. Il rafraîchit les animaux et les purge.

D. Est-il utile aux chevaux?

R. Il leur est particulièrement utile; car, en les purgeant, il provoque l'évacuation de certains *calculs* qui se forment dans leurs intestins, et qui ne manqueraient pas de les faire périr.

D. Doit-on mettre à ce régime tous les chevaux.

R. Il faut ne pas le donner exclusivement à ceux qui sont astreints à un travail pénible, parce qu'il les affaiblirait trop.

D. N'y a-t-il pas d'autres exceptions à faire?

R. On doit aussi éviter de donner le vert aux juments poulinières durant leur grossesse, parce qu'en déterminant chez elles la diarrhée, il pourrait amener l'avortement.

D. Peut-on préciser la ration à donner à un cheval.

R. Cette ration varie avec l'âge, la taille des animaux et aussi avec le travail qu'on exige d'eux.

D. Qu'est-elle pour un cheval de trait, adulte et de taille moyenne?

R. Elle est de 8 à 10 livres d'avoine, de 10 à 12 livres de foin et de 3 à 4 livres de paille.

D. Qu'est-elle pour un cheval de selle adulte et de moyenne taille?

R. Elle est de 10 livres de foin, 6 livres d'avoine et 2 livres de paille.

D. Quelle précaution y a-t-il à prendre lorsqu'un cheval a été abreuvé?

R. Il faut ne pas lui faire reprendre le travail d'une demi-heure au moins, sous peine de troubler sa digestion et de provoquer des coliques.

CHAPITRE XLVIII.

DE L'ALIMENTATION DU BŒUF.

D. Parmi les fourrages, quels sont ceux que le bœuf mange avec plaisir ?

R. On doit citer surtout le foin, la luzerne, le sainfoin ou esparcette, le trèfle, le seigle, l'orge, le maïs, l'avoine et les vesces.

D. N'y a-t-il pas d'autres substances que l'on peut introduire dans le régime alimentaire des grands ruminants ?

R. Il y a aussi des racines : la betterave, la rave, la carotte et la pomme de terre.

D. Les altérations qu'a subies le foin doivent-elles être prises en considération ?

R. Il faut éviter d'employer à la nourriture du bœuf le foin échauffé ou moisi, parce qu'il dérange la digestion, amène l'amaigrissement et produit la toux.

D. Lorsqu'on est forcé de l'utiliser, qu'elle précaution doit-on prendre ?

R. On doit l'arroser avec de l'eau salée : les bœufs, dès-lors, le digèrent assez aisément. Et, de plus, comme il ne nourrit pas suffisamment, il faut donner des aliments substantiels : racines ou graines.

D. N'y a-t-il pas d'autre foin qu'on doit rejeter ?

R. C'est le foin aigre, provenant des prairies marécageuses : si l'on veut le faire servir à l'alimentation du bœuf, il faut l'employer vert.

D. L'administration de la luzerne ne réclame-t-elle pas quelques soins ?

R. La luzerne séchée est un excellent fourrage pour les bœufs ; mais il faut en user avec modération, parce qu'elle les échauffe.

D. Le fourrage provenant de la seconde coupe est-il toujours bon ?

R. Il arrive quelquefois que les feuilles ont été mangées vertes par les insectes ; la partie qui reste, uniquement composée de tiges, constitue un fourrage dur, de difficile digestion et produisant des aphtes dans la bouche des animaux qui le mangent.

D. Ne peut-on pas l'utiliser ?

R. On peut l'employer, à la condition de l'arroser avec de l'eau vinaigrée.

D. Lorsqu'on la fait manger en vert, n'y a-t-il pas quelques précautions à observer ?

R. Il ne faut la donner que lorsque l'animal a déjà pris quelques fourrages secs ; de plus, on devra la couper le matin pour la donner le soir et éviter, avec le plus grand soin, que les animaux la prennent lorsqu'elle est encore couverte de rosée.

D. A quoi s'exposerait-on en négligeant cette dernière précaution ?

R. On s'exposerait à voir les bœufs bientôt atteints d'une enflure du ventre, qui pourrait devenir rapidement mortelle.

D. Quels soins exige cette maladie?

R. Il faut immédiatement faire avaler au bœuf un litre d'eau, dans laquelle on a introduit 20 ou 25 grammes d'ammoniaque, et lui administrer un lavement avec de l'eau de savon.

D. Le sainfoin est-il un bon fourrage ?

R. Le sainfoin est un fourrage précieux ; il a les avantages de la luzerne et il n'en a pas les inconvénients.

D. Quel avantage a-t-il sur le foin ?

R. C'est que n'ayant pas, comme ce dernier, besoin de jeter son feu, il peut être donné immédiatement après avoir été cueilli.

D. Peut-on en user immodérément ?

R. Il faut, au contraire, en user avec modération, parce qu'il donne beaucoup de sang, et que, dès-lors, il prédispose aux apoplexies et aux inflammations.

D. Le trèfle est-il recherché des bœufs ?

R. Ces animaux aiment beaucoup le trèfle, que ce soit le trèfle des prés ou le trèfle connu sous le nom de *farouch*.

D. La manière de faire consommer ces deux espèces de trèfle est-elle la même ?

R. Le trèfle des prés ne doit jamais être mangé vert par les ruminants, à moins qu'il ne soit mélangé avec du ray-grass. Le farouch, au contraire, sera consommé vert. Il ne produira d'accidents qu'autant qu'il sera mouillé au moment où les animaux l'ingèrent.

D. Le seigle mérite-t-il quelque faveur ?

R. Le seigle est un bon fourrage, précieux, parce qu'il vient avant tout autre, incapable de produire d'accidents sérieux et beaucoup plus nourrissant qu'on ne le croit en général.

D. Comment l'administre-t-on ?

R. On le mélange avec de la paille ordinaire, pour prévenir les diarrhées qu'il pourrait occasionner.

D. Quel est l'avantage du fourrage d'orge ?

R. Il est, à la fois, nourrissant et rafraîchissant.

D. Dans quel moment convient-il de le faire manger ?

R. Lorsqu'il est tendre, que l'épi n'est pas encore bien sorti et que ses arêtes ne sont pas encore bien développées.

D. Le fourrage de maïs est-il avantageux ?

R. Il a l'avantage de fournir aux bœufs, au moment des fortes chaleurs, une nourriture rafraîchissante, et, en outre, de pouvoir être employé indistinctement vert ou sec.

D. Lorsque l'avoine doit être utilisée comme fourrage, dans quel moment convient-il de l'employer ?

R. Lorsque les grains sont encore en lait.

D. La vesce constitue-t-elle un bon fourrage ?

R. Oui, à condition qu'elle soit coupée quand elle est en graines, si on veut la faire manger verte, et, quand elle est en fleurs, si on veut l'employer comme fourrage sec.

D. Le bœuf aime-t-il la betterave ?

R. Il la recherche beaucoup et la mange indistinctement cuite ou crue ; mais elle doit être coupée en petits morceaux.

D. En est-il de même de la rave ?

R. La rave se donne de préférence cuite et coupée ; elle ne peut jouer qu'un rôle secondaire dans l'alimentation du bœuf.

D. Comment se donne la carotte ?

R. On gagne à la donner cuite ; le bœuf en est très friand.

D. La pomme de terre est-elle un bon auxiliaire dans la nutrition des ruminants ?

R. Oui, pourvu qu'on la fasse préalablement cuire avec du sel ; sans cette précaution, elle débiliterait les animaux.

D. Comment emploie-t-on les grains ?

R. On peut se contenter de les faire macérer pendant 24 heures dans l'eau ; mais il est préférable de les convertir en farine.

CHAPITRE XLIX.

CHOIX DES ANIMAUX DE TRAVAIL ET DES VACHES LAITIÈRES.

D. A quels caractères reconnaît-on un bon bœuf de travail ?

R. Un bon bœuf de travail doit avoir : *le corps ample et arrondi, l'épaule large, l'encolure épaisse, la tête courte et large, les cornes grosses et bien placées, les membres courts et forts, les sabots fermes, moyennement développés et de couleur noire.*

D. A quoi doit-on veiller lorsqu'on achète des bœufs de travail ?

R. On doit veiller à ce qu'ils aient la même taille, la même force et la même allure.

D. A quel âge peut-on obtenir, des jeunes bœufs, un travail fort ?

R. Après trois ans révolus seulement.

D. Comment s'y prend-on pour les habituer au travail ?

R. Après les avoir habitués à marcher ensemble, on leur fait traîner de petits fardeaux dont on augmente progressivement le poids, pour ne pas les rebuter.

D. Quels sont les caractères auxquels on reconnaît une bonne vache laitière ?

R. On admet généralement qu'une bonne vache laitière doit avoir *le pis très développé, le ventre ample, le corps* long, le cou mince, le front étroit, les cornes minces et petites, la mâchoire forte, la bouche bien fendue, les membres grêles, le regard doux, la veine qui est aux mamelles bien développée, la poitrine étroite et courte.

D. Quels sont les soins à donner à une vache laitière ?

R. Elle doit être abondamment nourrie ; car elle commence par pourvoir à son entretien et ce n'est que l'excédant de nourriture qui est consacré à la production du lait.

D. Quelles sont les circonstances qui favorisent la production du lait ?

R. L'étable doit être chaude, peu éclairée, et la vache doit y jouir d'une tranquillité parfaite ; de plus, lorsqu'elle quitte l'étable, il est indispensable qu'elle trouve une nourriture suffisante dans un espace de terre assez restreint : un hectare et demi au plus.

D. Est-il bon de chercher à obtenir de la vache une quantité excessive de lait ?

R. Non, parce qu'une production excessive de lait épuiserait la vache et compromettrait sa santé.

D. Les mamelles de la vache laitière n'exigent-elles pas certains soins ?

R. Elles réclament de très grands soins de propreté ; on prévient, par ce moyen, la formation de petits ulcères appelés *soies*.

D. Est-il toujours facile de traire une vache ?

R. On doit l'habituer insensiblement à cette opération, et lui donner, pendant qu'on la pratique, des aliments qu'elle recherche.

D. La personne chargée de traire une vache laitière ne peut-elle pas se mettre à l'abri des coups de pied ?

R. Il n'y a qu'à se placer du côté opposé à la mamelle

que l'on presse, parce que la vache lance toujours le pied correspondant au mamelon comprimé.

D. N'y a-t-il pas quelque précaution à prendre pour prolonger la production du lait ?

R. Il faut traire la vache deux fois par jour, aux mêmes heures autant que possible, et avoir bien soin d'épuiser la mamelle.

D. La nourriture influe-t-elle sur la valeur du lait ?

R. La qualité du lait en dépend : c'est ainsi que les vaches nourries avec des tourteaux, des navets, des choux, fourniront un lait de goût désagréable, tandis que celles qui mangent du thym, de la sauge et de la racine de persil, donneront un lait succulent. Les boissons influent aussi sur la qualité du lait : les meilleures sont l'eau blanche et l'eau tiède dans laquelle on a délayé des aliments.

DICTIONNAIRE

DE QUELQUES TERMES SCIENTIFIQUES

EMPLOYÉS DANS CET OUVRAGE.

Acides. — Substances de saveur aigre, rougissant les couleurs bleues végétales, et donnant un sel par leur combinaison avec les bases. L'oxygène entre dans la composition de la plupart des acides, mais l'hydrogène en fournit aussi un bon nombre.

Acide acétique. — Corps qui résulte de la fermentation acide de tous les liquides spiritueux, tels que le vin, la bière, le cidre. Il est contenu dans le vinaigre, avec lequel on le confond quelquefois.

Acide azotique ou **nitrique.** — Liquide blanc, vulgairement connu sous le nom d'*eau forte*, résultant de la combinaison de l'oxygène avec l'azote. Il répand, à l'air, des vapeurs blanches; son odeur est désagréable; il corrode les tissus organiques et les colore en jaune.

Acide sulfurique. — Liquide inodore, incolore, ayant une consistance huileuse, et communément désigné sous le nom d'*huile de vitriol*. Il attaque les substances animales et végétales, qu'il carbonise.

Agents atmosphériques. — Ce nom est donné à toutes les causes de destruction qui agissent à la surface de la terre : de ce nombre sont le vent, la pluie, l'humidité, le chaud, le froid, etc.

Alcalis. — Substances dont la saveur est brûlante et qui verdissent les couleurs bleues végétales : mélangées avec les huiles, elles constituent les savons. Les alcalis les plus importants sont la potasse, la soude, la chaux et l'ammoniaque.

Alumine. — Matière entrant dans la composition des roches ; la chimie l'obtient à l'état de terre blanche, opaque et douce au toucher.

Ammoniac (Gaz). — Combinaison d'azote et d'hydrogène ; gaz incolore, d'une saveur âcre et caustique. Il se dissout dans l'eau et constitue alors l'ammoniaque liquide très employée contre les morsures et piqûres d'animaux venimeux. Le sel, formé par la combinaison de l'ammoniaque avec un acide que fournit le terreau et qu'on nomme acide humique, se dissout dans l'eau et est ainsi absorbé par les racines des plantes. Ce sel est appelé *humate d'ammoniaque.*

Argile, glaise, terre à foulon. — Terre essentiellement formée d'alumine, limoneuse, douce au toucher, se délayant dans l'eau et prenant aisément toutes les formes.

Atmosphère. — C'est la masse d'air qui environne la terre, et dans laquelle viennent se confondre tous les gaz, toutes les vapeurs qui se forment et se dégagent à la surface du globe.

Aubier. — Partie ligneuse de la tige des arbres, recouvrant immédiatement le bois proprement dit. Chaque année, l'aubier devient bois et il forme ces couches concentriques que l'on aperçoit très bien lorsqu'on fait une section horizontale sur la tige et les branches : ces couches permettent même, quelquefois, de déterminer l'âge des arbres.

Azote. — Corps gazeux, sans couleur, sans odeur, sans saveur, entrant dans la composition de l'air ; impropre, quand il est seul, à la respiration des animaux et à l'entretien du feu. Il entre dans la composition des substances végétales et surtout des substances animales.

Baie. — Nom donné à tous les fruits charnus, au milieu desquels se trouvent, libres et sans ordre absolu, les graines ou les pépins. Les raisins et les groseilles en sont des exemples.

Base. — On désigne par ce mot toute substance qui, par sa combinaison avec un acide, est susceptible de former un sel. Les bases ramènent au bleu les couleurs bleues végétales rougies par un acide.

Bois proprement dit. — Partie de la tige formée par les couches intérieures, qui sont les plus anciennes et aussi les plus dures.

Calcaire ou pierre à chaux. — Composé d'acide carbonique et de chaux, qui constitue une des roches les plus répandues à la surface du globe. Lorsqu'on réduit cette pierre en poussière et qu'on projette un acide sur cette poussière, il se produit une effervescence, un bouillonnement caractéristique. Le calcaire, en masse, renferme souvent quelques traces d'argile. Les marbres sont les calcaires les plus purs.

Calculs. — Concrétions pierreuses, qui se forment dans les cavités du corps des animaux, et plus spécialement dans celles qui servent de réservoir aux liquides.

Carbone. — Corps simple, qui est le principal élément constitutif des végétaux. Il forme le majeure partie des diverses variétés de charbons. De ces variétés, la plus pure, c'est-à-dire celle qui renferme le plus de carbone, est le diamant : puis viennent la plombagine, l'anthracite, la houille et les lignites, qu'on trouve dans l'intérieur de la terre, à des profondeurs variables. Elles proviennent du séjour prolongé de matières végétales dans l'intérieur du sol, et de leur mélange avec des substances diverses.

Céréales. — Groupe de plantes qui servent à l'alimentation de l'homme et de nos animaux domestiques. Les principales sont : le froment, l'orge, le seigle, l'avoine, l'épeautre, le maïs, le millet, le sarrasin, etc.

Composts. — Nom donné à un mélange de substances de nature différente, qu'on laisse en tas jusqu'à ce qu'il se soit produit dans la masse un travail de fermentation capable de la convertir en engrais. Que l'on prenne, par exemple, des balayures diverses, des poussières de route, des curures de fossé ou de mare, de mauvaises herbes, de la chaux, et qu'on arrose souvent avec de l'urine, du purin ou des eaux grasses, on fera d'excellents composts.

Débris organiques. — Particules résultant de la désagrégation du corps des animaux ou de celui des végétaux. Lorsque ces particules ont subi le travail de la décomposition, elles constituent les détritus organiques.

Eprouvette. — Tube en verre, de forme cylindrique, ouvert à l'une de ses extrémités.

Etres organisés. — Nom commun à tous les êtres pourvus d'organes, par conséquent, aux animaux et aux végétaux. Par opposition, les corps non pourvus d'organes, les minéraux, sont dits *corps bruts* ou *inorganiques*.

Expériences. — Reproduction, par des moyens artificiels, d'un phénomène ou fait naturel.

Fleurs. — Ce nom est collectivement affecté, dans les plantes, aux organes reproducteurs et à ceux qui protègent ces derniers. On distingue les fleurs mâles et les fleurs femelles : très souvent on les trouve réunies sur la même plante. Les graines, contenues dans une capsule charnue appelée *ovaire*, sont fécondées par une poussière que fournit la fleur mâle, et qu'on appelle *pollen*. Ce pollen est diversement coloré, suivant les espèces : il arrive quelquefois qu'il est emporté par le vent et constitue une espèce de brouillard, que les anciens avaient cru être des pluies de sang.

Fruit. — Le fruit, qui succède toujours à la fleur, n'est autre chose que l'ovaire fécondé et complètement développé.

Gaz. — Dénomination commune à tous les corps qui, comme l'air, sont à l'état de fluides transparents et compressibles.

Graine. — Partie du végétal résultant de la fécondation des ovules et destinée à fournir, par son développement, un végétal nouveau.

Gypse ou sulfate de chaux. — C'est la pierre à plâtre ; elle est formée d'acide sulfurique et de chaux. On distingue le gypse du calcaire, en ce que le premier se laisse rayer par l'ongle et que, traité par un acide, il ne donne pas d'effervescence.

Hydrogène. — Gaz inflammable, incolore, et beaucoup plus léger que l'air : il entre dans la composition de l'eau : on le trouve dans les tissus végétaux.

Imperméable. — Qui ne se laisse pas traverser par un liquide : l'argile pure est dans ce cas.

Légumineuses. — Ce nom est donné à un groupe fort nombreux de plantes alimentaires et industrielles, dont le fruit est une gousse : tels sont les haricots, les pois, les fèves, les lentilles, les luzernes, les sainfoins, etc.

Liber. — Partie de la tige d'un arbre placée immédiatement au-dessous de l'écorce, et par conséquent entre l'écorce et l'aubier. On la nomme ainsi, parce qu'elle est composée de lames qui, dans quelques espèces, se séparent comme les feuilles d'un livre.

Lizier ou purin. — C'est le jus du fumier. Le purin est la partie la plus active du fumier : aussi doit-on veiller à ce qu'il ne se perde pas.

Miasmes. — Emanations qui se dégagent des lieux marécageux, et qui proviennent de la décomposition de substances animales ou végétales. Les miasmes respirés avec l'air, auxquels ils se mêlent, engendrent des maladies, et notamment des fièvres intermittentes, quelquefois très rebelles. Il faut donc éviter soigneusement que, près des habitations, se trouvent des cloaques et des lieux marécageux.

Minéral. — Tout corps matériel n'ayant pas d'organisation vitale : les pierres, l'air, l'eau, sont des minéraux. Il faut distinguer le minéral du *minerai*, qui est un minéral métallique, c'est-à-dire un minéral dont la pâte renferme des particules métalliques que l'on extrait par des opérations convenables, dont l'ensemble constitue la *métallurgie*.

Nitrates. — Corps composés d'acide nitrique et d'une base telle que l'ammoniaque, la potasse, la soude, la chaux. Ils jouent un rôle immense en agriculture, grâce à la propriété qu'ils ont de se dissoudre dans l'eau. Le nitrate d'ammoniaque est particulièrement précieux, en raison de la quantité d'azote qu'il fournit aux plantes.

Noir animal ou charbon d'os. — Engrais préparé avec les os, utile par l'azote et le phosphore qu'il renferme.

Oxygène. — Gaz incolore, inodore, qu'on retrouve dans la texture des végétaux. Agent principal de la combustion et de la respiration. Incessamment il se combine avec le carbone pour former de l'acide carbonique et concourt, par suite, d'une manière très active, à la nutrition des plantes.

Oxyde. — Nom donné à tout corps résultant de la combinaison de l'oxygène avec un métal, tels sont : l'oxyde de calcium ou chaux, l'oxyde de potassium ou potasse.

Phosphore. — Corps solide entrant, en grande quantité, dans le corps des animaux, où il se trouve à l'état de combinaison. Il est aussi un des éléments du corps des végétaux et il constitue, pour les prairies épuisées, un engrais réparateur.

Règne organique. — Comprend les animaux et les végétaux, tout ensemble. Le règne inorganique comprend les minéraux.

Roche. — On appelle ainsi les matières minérales en grande masse, quels que soient leur dureté, leur composition et l'état dans lequel on les rencontre.

Rosée. — Produit de la liquéfaction de la vapeur d'eau contenue dans l'air. Cette vapeur, au contact des corps froids qui sont à la surface de la terre, au contact des plantes, par exemple, passe à l'état liquide et se dépose, en gouttelettes, sur ces corps. Son action sur les végétaux est très salutaire. Lorsque cette liquéfaction se fait dans les régions supérieures de l'atmosphère et qu'elle se produit en quantité, elle donne lieu à la pluie.

Sable. — Grains pierreux, provenant de la désagrégation des roches. Sa nature varie, suivant la composition même des roches qui l'ont produit. Ainsi, on distingue du sable

siliceux (roches siliceuses), du sable calcaire (roches calcaires), etc.

Salpêtre ou nitre. — Composé d'acide nitrique et de
potasse : il se forme sur les murs humides, exposés aux
émanations animales ou végétales. Il est souvent donné aux
terres avec les plâtras, et peut rendre des services par les
substances qu'il contient.

Sciences physiques. — Dénomination sous laquelle on
désigne la physique et la chimie, sciences qui s'occupent :
la première, des corps considérés dans leurs propriétés et
leurs actions extérieures ; la seconde, des corps envisagés
dans leur constitution intime.

Sel. — Tout corps résultant de la combinaison d'un acide
et d'une base. C'est à l'état de sels que se trouvent la plupart des corps qui sont absorbés par les racines, après avoir
été dissous par l'eau.

Semoir. — Instrument agricole avec lequel se font les
semences, dans certaines contrées. Il y a des avantages réels
à se servir de cet instrument : d'abord, on économise une
bonne quantité de grain pour la semence ; en second lieu,
la production est plus considérable, ce qui s'explique très
bien par l'uniformité avec laquelle les grains sont enfouis ;
car, en semant à la volée, on laisse une partie des grains à
la surface du sol où ils sont mangés par les oiseaux ; et une
autre partie est enfouie trop profondément pour qu'elle
puisse lever. Il est regrettable que la méthode du semoir ait
le grave inconvénient de demander beaucoup de temps et
de favoriser le développement des plantes parasites.

Sève. — Liquide nourricier des plantes : il est pour elles
ce que le sang est pour les animaux. La sève a, dans le
végétal, un double mouvement : aussi est-elle dite *sève*

ascendante, si elle s'élève des racines vers les branches, et *sève descendante*, si elle descend des branches vers les racines. C'est dans la sève que se trouvent dissous les divers principes qui doivent nourrir les plantes.

Silice. — Corps solide qui entre, pour une grande partie, dans le sable et les pierres à fusil. La silice se retrouve à l'état de combinaison (silicates), dans la tige de toutes les céréales, et c'est elle qui lui communique la rigidité nécessaire pour soutenir l'épi.

Sulfate de fer. — Formé par la combinaison de l'acide sulfurique et de l'oxyde de fer. Il est employé pour la fabrication de l'encre.

Tannin. — Substance astringente, de provenance végétale : on la trouve abondamment dans l'écorce de divers arbres, le chêne, l'orme, le châtaignier, le frêne, etc.

Tourbe. — Matière brune ou noire, formée de débris de végétaux dont on reconnaît encore les parties, bien qu'ils soient profondément altérés. On la trouve quelquefois en masse considérable, et ses gisements prennent le nom de tourbières : elle donne, en brûlant, une odeur désagréable.

Vapeur. — Il n'y a pas, à proprement parler, de différence entre une vapeur et un gaz : on admet, toutefois, qu'une vapeur est plus facilement liquéfiée par l'effet de la pression ou d'un abaissement de température.

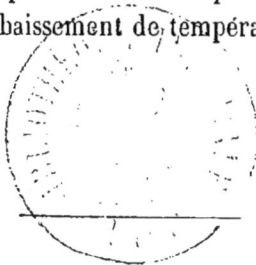

TABLE DES MATIÈRES.

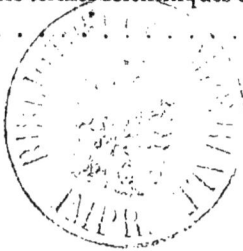

FIN DE LA TABLE.

Impr. de BONNAL & GIBRAC.